DIE
MIKROSKOPISCHE UNTERSUCHUNG DER TEE- UND TABAKERSATZSTOFFE

VON

Dr. C. GRIEBEL

WISSENSCHAFTL. MITGLIED DER STAATL. NAHRUNGSMITTEL-UNTERSUCHUNGSANSTALT
IN BERLIN

MIT 111 ABBILDUNGEN

Springer-Verlag Berlin Heidelberg GmbH

1920

Sonderdruck aus:
„Zeitschrift für Untersuchung der Nahrungs- und Genußmittel" 1920.
39. Bd., Heft 9/10.

ISBN 978-3-662-24037-3   ISBN 978-3-662-26149-1 (eBook)
DOI 10.1007/978-3-662-26149-1

Inhaltsverzeichnis.

Im Gegensatz zu den Kaffee-Ersatzstoffen haben Tee- und Tabakersatzstoffe vor dem Kriege in Deutschland nur eine ganz untergeordnete Rolle gespielt. Auch während des Krieges erlangten die Tee-Ersatzmittel anscheinend erst eine größere Bedeutung, als sich neben dem Teemangel auch ein Mangel an geeigneten Rohstoffen für die Herstellung von Kaffee-Ersatzmitteln bemerkbar machte. Denn die hierdurch bedingte Verschlechterung der letztgenannten Produkte hatte zugleich ein wachsendes Bedürfnis nach Teegetränken zur Folge. Die Streckung des Tabaks wurde sogar erst gegen Ende des Krieges erforderlich, sodaß die hierfür in Betracht kommenden Ersatzmittel zeitlich als die letzten in Erscheinung traten.

Es ist möglich, daß die Tee- und Tabakersatzstoffe nach dem Wiedereintreten normaler Handelsbeziehungen [1]) größtenteils überflüssig werden. Trotzdem ist aber anzunehmen, daß sie nicht sofort vollständig von der Bildfläche verschwinden. Denn einerseits wird schon aus finanziellen Gründen das Bestreben dahin gehen müssen, möglichst viele der im Krieg als brauchbar erkannten einheimischen Produkte auch weiterhin nutzbringend zu verwerten und zunächst nur wirklich unentbehrliche Waren einzuführen; andererseits müssen wir aber auch mit dem gelegentlichen Vorkommen dieser Vegetabilien in unerlaubter Form rechnen.

Unter diesen Umständen dürfte daher eine genauere Beschreibung der hauptsächlich in Betracht kommenden pflanzlichen Stoffe — speziell in anatomischer Hinsicht — für den Nahrungsmittelchemiker von Interesse sein, zumal da auch die Nachprüfung der Angaben über die Zusammensetzung eines Tee- oder Tabakersatzmittels nicht selten notwendig wird.

Die nachstehende Behandlung der Tee- und Tabakersatzstoffe nebeneinander erfolgt aus Zweckmäßigkeitsgründen und ergibt sich auch von selbst daraus, daß die Art der Untersuchung beider im wesentlichen dieselbe ist. Denn bei diesen Erzeugnissen handelt es sich hauptsächlich um getrocknete fermentierte oder nicht fermentierte Blätter, von denen zudem verschiedene Arten zur Herstellung von Tee- und Tabakersatzmitteln dienen.

---

[1]) Diese Zeilen wurden vor etwa 1½ Jahren niedergeschrieben.

Die Untersuchung solcher Produkte läßt sich in einzelnen Fällen mit Hilfe der Lupe allein durchführen; gewöhnlich wird aber eine eingehendere Prüfung des Materials auf mikroskopischem Wege erforderlich. Für derartige anatomische Untersuchungen bildet Solereder's „Anatomie der Dicotyledonen"[1]) die Grundlage. Nach diesen Gesichtspunkten hat Netolitzky speziell die Blätter der einheimischen Dicotyledonen einer systematischen Bearbeitung unterzogen, indem er alle Arten mit bestimmten gemeinsamen Merkmalen zu Gruppen vereinigte und für diese dann Bestimmungsschlüssel aufstellte. Bis jetzt sind drei derartige Abteilungen im Druck erschienen[2]), deren Kennzeichen das Vorkommen einer bestimmten Oxalatform bildet (Drusenkrystalle, Raphiden, Krystallsand). Sie umfassen daher sämtliche oxalatführenden Arten, wenn man von den relativ wenigen Blättern absieht, die nur Einzelkrystalle enthalten. Eine Beschreibung der oxalatfreien Blätter liegt noch nicht vor.

Leider fehlen den bisher erschienenen, ausgezeichnet bearbeiteten Bändchen die Abbildungen fast vollständig[3]), ein Umstand, der ihre Verwendbarkeit in der Laboratoriumspraxis stark beeinträchtigt, soweit es sich um die hier in Betracht kommenden Untersuchungen handelt.

Gerade auf diesen Punkt wurde daher bei den nachstehenden Ausführungen das Hauptaugenmerk gerichtet, da sich immer wieder zeigt, daß für den praktisch tätigen Nahrungsmittelchemiker charakteristische Abbildungen von größter Wichtigkeit sind, um den Analytiker möglichst rasch auf die richtige Fährte zu leiten. Alle nachstehenden Artbeschreibungen sind deshalb gleichzeitig durch Abbildungen erläutert worden, soweit nicht bei Moeller[4]) bereits entsprechende Zeichnungen oder Mikrophotogramme vorliegen. Für die endgültige Diagnose bleibt allerdings das Vergleichspräparat stets das wertvollste Hilfsmittel, obwohl es nicht immer erforderlich sein wird.

Hinsichtlich der Abbildungen ist folgendes zu sagen: Da die Ausbildung der Nervatur zu den konstantesten Merkmalen der Blätter gehört, besitzt sie auch für die Erkennung der Arten praktische Bedeutung, sofern nicht das zur Untersuchung gelangende Material zu weitgehend zerkleinert ist. Eine möglichst genaue Wiedergabe des Nervennetzes war deshalb erwünscht. Die von Moeller[5]) angegebene Art der Herstellung von Autophotogrammen erschien für diese Zwecke bei weitem als das geeignetste Verfahren, weil hierbei alle Einzelheiten in größter Naturtreue zur Abbildung gelangen und solche Bilder zudem leicht ausführbar sind. Von den größeren Blattarten sind aus räumlichen Gründen kleine Exemplare ausgewählt worden, da eine Verkleinerung bei der Reproduktion im Interesse der Deutlichkeit vermieden werden mußte.

Einige Worte noch über die Herstellung der Autophotogramme. Während Moeller die Blätter zunächst sorgfältig trocknet, wurden im vorliegenden Fall die frischen

---

[1]) Bei den hier in Betracht kommenden Ersatzstoffen handelt es sich fast ausschließlich um Teile von Dicotyledonen, wenn man von den Gräsern absieht, die nicht selten in Teegemengen vorhanden sind.

[2]) Netolitzky, Bestimmungsschlüssel und mikroskopische Beschreibung der einheimischen Dicotyledonenblätter. Gruppe I Raphidenkrystalle, Wien 1905; Gruppe II Drusenkrystalle, Wien 1908; Gruppe III Krystallsand, Berlin und Wien 1911.

[3]) Der zuletzt erschienene Teil (Krystallsand) ist etwas reichlicher illustriert.

[4]) Moeller, Die mikroskopische Untersuchung der Nahrungs- und Genußmittel, 2. Aufl. 1905.

[5]) Moeller, Real-Enzyklopädie der gesamten Pharmacie, 2. Aufl. II, 441.

Blätter in einem Kopierrahmen unmittelbar auf das lichtempfindliche Papier gebracht und dem direkten Sonnenlicht so lange ausgesetzt, bis das Adernetz hinreichend deutlich abgezeichnet war. Es wird auf diese Weise Zeit gespart bei gleichguten Ergebnissen. Die so erhaltenen Schattenbilder sind Negative. Am schwierigsten ist übrigens das Auskopieren solcher Blätter, die dichten Haarfilz tragen (wie z. B. Himbeere, Huflattich u. dergl.). Sie müssen zur Erzielung eines brauchbaren Bildes oft viele Stunden dem direkten Sonnenlicht ausgesetzt werden.

Für die Wiedergabe größerer Blattflächenteile bei schwächerer Vergrößerung war das Mikrophotogramm das gegebene Verfahren, während die besonders wichtige Darstellung der Epidermisbilder bei stärkerer Vergrößerung, durch Zeichnung[1]) erfolgen mußte, da sich z. B. größere Haargebilde nur selten in eine optische Ebene mit den Epidermiszellen bringen und daher durch Photogramme kaum befriedigend wiedergeben lassen.

Ausführung der Untersuchung.

Des besseren Verständnisses wegen sei für diejenigen Fachgenossen, die sich nur selten mit derartigen Untersuchungen zu befassen haben, zunächst das Wichtigste über die Anatomie der Dicotyledonenblätter vorausgeschickt; denn nur solche kommen für uns praktisch in Betracht, wenn man von den zuweilen in Tee-Ersatzmitteln vorhandenen Gräsern und von den gelegentlich Verwendung findenden Drogen aller Art — wie Wurzeln, Blüten, Früchten und Samen — absieht.

Die Blätter sind beiderseits von einer Epidermis bedeckt, deren Cuticula oft sehr stark entwickelt ist. Bemerkenswert ist die nicht selten vorhandene, durch Cuticularfalten bedingte Streifung der Oberhaut. In der Flächenansicht erscheinen die Epidermiszellen polygonal mit geraden bis gebogenen Wänden, oder mehr oder weniger stark wellig buchtig. Unterbrochen wird die Epidermis von den Spaltöffnungen (auch Stomata genannt), die aber bei den meisten Blättern nur auf der Unterseite[2]) vorkommen. Sie besitzen länglich-runde Form und werden aus zwei bohnenförmigen Schließzellen gebildet, zwischen denen sich die Spalte befindet. Die umgebenden Epidermiszellen lassen in manchen Fällen eine charakteristische Anordnung erkennen und führen dann die Bezeichnung Nebenzellen. Diagnostisch sehr wichtig sind die auf beiden Epidermen auftretenden ein- bis vielzelligen Haarorgane (Trichome). Man unterscheidet Deckhaare, die die gewöhnliche Behaarung darstellen und Drüsenhaare. Letztere sind durch eine kopfige, meist mehrzellige Enddrüse gekennzeichnet, doch ist ihre Form, ebenso wie die der Deckhaare, eine

---

[1]) Da es mir z. Z. nicht möglich war, die zahlreichen Handzeichnungen selbst auszuführen, habe ich sie mit wenigen Ausnahmen von einer wissenschaftlichen Zeichnerin — Frau Kunstmaler Biedermann — nach meinen Originalpräparaten und Angaben herstellen lassen und, wo erforderlich, ergänzt. Ein Teil der dadurch entstandenen Kosten ist vom Verein Deutscher Nahrungsmittelchemiker in dankenswerter Weise übernommen worden.

In sachlicher Hinsicht sei noch erwähnt, daß bei den oxalatführenden Blättern aus Zweckmäßigkeitsgründen die jeweils vorhandenen Oxalatformen in die Epidermisbilder eingezeichnet worden sind. Das Oxalat liegt zwar stets im Mesophyll, es gelangt aber bei der Untersuchung aufgehellter Blätter unmittelbar im Flächenpräparat zur Beobachtung und liefert durch Form und Verteilung gerade mit der Epidermis zusammen oft ein kennzeichnendes Bild.

[2]) Die Blattzähne tragen außerdem meist auf der Oberseite einige Wasserspalten.

sehr mannigfaltige. Die aus einer oder mehreren Zellreihen bestehenden Trichome bezeichnet man als Gliederhaare. Zu erwähnen sind hier noch die Papillen, die stumpfe Ausstülpungen der Epidermiszellen darstellen und gewöhnlich durch starke Cuticularstreifung auffallen. Bei einigen Arten enthalten bestimmte Haarformen eigenartige, gewöhnlich traubenförmige, hauptsächlich aus Calciumcarbonat bestehende Gebilde, die als Cystolithen bezeichnet werden. Sie lösen sich in Essigsäure unter Kohlensäureentwickelung. Cystolithen kommen bei manchen Arten auch in Oberhautzellen vor (z. B. bei Morus).

Das zwischen den beiden Epidermen befindliche chlorophyllhaltige Blattgewebe — ein eigentliches Hypoderm kommt nur selten vor — trägt die Bezeichnung Mesophyll. Es ist im allgemeinen in Palisadenparenchym und Schwammparenchym gegliedert, von denen das erstere reicher an Chlorophyll ist. Das Palisadenparenchym besteht aus meist schlanken, senkrecht zur Blattoberfläche angeordneten dicht stehenden Zellen, die ein- bis mehrreihig auftreten können. Das darunterliegende, wegen seiner lockeren Beschaffenheit als Schwammparenchym bezeichnete Gewebe ist außerordentlich reich an luftführenden Interzellularen. Seine Elemente sind oft mehr oder weniger verzweigt und untereinander verbunden, häufig ein sog. Sternparenchym darstellend. Die nach diesem Typus gebauten, oben Palisaden-, unten Schwammparenchym enthaltenden Blätter bezeichnet man als bifazial im Gegensatz zu den zentrischen Blättern, bei denen beiderseits ein Palisadenparenchym ausgebildet ist. Zentrische Blätter begegnen uns bei den hier in Frage kommenden Untersuchungen nur selten; noch seltener sind solche mit gleichförmigem Chlorophyllparenchym, bei dem ein deutlicher Unterschied zwischen den Zellelementen des Mesophylls nicht zu erkennen ist. Im Mesophyll kommen vielfach Oxalatkrystalle vor, deren Form und Anordnung oft für die Art charakteristisch ist. Durchzogen wird das Mesophyll von den Nerven, die aus Leitbündelsträngen bestehen.

Die Untersuchung der Tee- und Tabakersatzmittel beginnt mit einer eingehenden Durchmusterung des Materials unter Zuhilfenahme einer 8—10-fach vergrößernden Lupe. Gleichartige Teilchen werden hierbei ausgelesen und in kleinen Schälchen vereinigt. Sind unzerkleinerte oder nur wenig zerkleinerte Blätter vorhanden, so wird nicht selten die Feststellung der Art schon mit Hilfe der Lupe gelingen. Man verfährt dabei in der Weise, daß man die Blattteile nach dem Aufweichen in Wasser auf einer Glas- oder Porzellanplatte vorsichtig ausbreitet und sein Augenmerk auf die Nervatur[1]), die Beschaffenheit des Blattrandes, den Blattgrund und besonders auf die Behaarung richtet. Hierbei wird eine Vergleichssammlung natürlich die besten Dienste leisten. Die Anlage einer solchen empfiehlt sich daher überall da, wo häufiger derartige Untersuchungen vorkommen[2]).

---

[1]) Die Dicotyledonenblätter besitzen in den meisten Fällen einen durch die Blattmitte ziehenden Hauptnerv, von dem die Sekundärnerven (auch Nebennerven, oder Seitennerven erster Ordnung genannt) gewöhnlich fiederförmig abzweigen. Handförmig bezeichnet man die Nervatur, wenn vom Blattgrund fast gleichstarke Nerven (meist fünf) strahlenförmig nach dem Blattrand laufen. Die Sekundärnerven laufen entweder vollständig bis zum Blattrand, oder sie bilden vorher Schlingen. Selten gehen sie schon in einiger Entfernung vom Rand in ein feines Netz über (Birne). Auch die Ausbildung der Tertiärnerven ist oft charakteristisch. Die Nerven höherer Ordnung sind mit der Lupe nicht immer erkennbar; sie besitzen diagnostisch nur geringe Bedeutung.

[2]) Auch eine Sammlung von gebleichtem Blattmaterial ist zu empfehlen, da man bei der mikroskopischen Untersuchung fast immer auf die Bleichung angewiesen ist.

Gelingt auf diese Weise die Ermittelung der Art nicht, so muß man zur mikroskopischen Prüfung übergehen. Eine solche ist aber nicht unmittelbar möglich, weil die Blattteile meist stark gefärbt (gebräunt) und undurchsichtig sind. Am schnellsten läßt sich eine für die optische Durchdringung in vielen Fällen ausreichende Aufhellung durch Kochen mit konc. Chloralhydratlösung (5 Chloralhydrat + 2 Wasser) erzielen. Länger dauernd, aber im allgemeinen viel empfehlenswerter ist eine Bleichung mit Javelle'scher Lauge [1]). Sobald das Material entfärbt ist, wird die Bleichflüssigkeit durch Abgießen und mehrmaliges Auswaschen mit Wasser, nötigenfalls unter Zusatz von wenig Essigsäure, entfernt. Unnötig lange Einwirkung führt bei zarten Blättern leicht zur Zerstörung des Gewebes. Falls die gebleichten Objekte sehr viel Luftblasen enthalten, so müssen diese zunächst durch Kochen mit Alkohol entfernt werden. Sodann werden die Blattstücke auf Objektträger gebracht und nach Verdrängung des Alkohols durch Wasser in Glycerin eingebettet und zwar derart, daß ein Teil mit der Oberseite, der andere mit der Unterseite nach oben zu liegen kommt. Dies geschieht einfach dadurch, daß man das Objekt vor dem Glycerinzusatz mit Messer oder Schere halbiert und die eine Hälfte umklappt.

Zuweilen wird neben den Flächenpräparaten auch die Herstellung von Querschnitten erforderlich, die sich nach entsprechender Alkoholhärtung aus gebleichtem oder ungebleichtem Material anfertigen lassen. Man verfährt dabei zweckmäßig in der Weise, daß man eine Anzahl gleichartiger Blattstückchen übereinander legt — größere Stücke werden mehrfach zusammengefaltet — und die Pakete zwischen Hollundermark schneidet. Fast immer sind dann einige der so erzielten Schnitte hinreichend dünn und für die Untersuchung geeignet. Die meisten erweisen sich allerdings als unbrauchbar, indem sie sich wegen zu großer Breite umlegen und dann die Ober- oder Unterseite des Blattes zeigen.

Bei der Untersuchung der Flächenpräparate ist das Augenmerk hauptsächlich auf das Vorkommen von Oxalatkrystallen, sowie deren Form und Anordnung zu richten, auf die Gestalt der Epidermiszellen [2]), die Spaltöffnungen und besonders auch auf die Art der Behaarung. Außerdem muß man zunächst darüber Klarheit zu gewinnen suchen, ob man die Ober- oder Unterseite eines Blattes vor sich hat, sofern dies nicht schon bei der Präparation erkennbar war. Wird nach scharfer Einstellung auf die Epidermis der Tubus mit Hilfe der Mikrometerschraube ein wenig gesenkt, so erscheinen bei der Oberseite die Palisadenzellen, meist in Form von dichtstehenden kleinen Kreisen, — seltener in mehr polygonalen Umrissen — bei der Unterseite dagegen das Schwammparenchym, dessen äußere Lagen oft stern-

---

[1]) Eine stark wirkende Javelle'sche Lauge stellt man sich durch Sättigen von 10%-iger Lauge mit Chlor oder nach folgender Vorschrift her: 20 Teile Chlorkalk übergießt man mit 100 Teilen Wasser und läßt unter Umschütteln einen Tag stehen. Andererseits löst man 25 Teile Kalium- oder Natriumcarbonat in 25 Teilen Wasser. Beide Flüssigkeiten werden zusammengegossen und bleiben in verschlossener Flasche einen oder mehrere Tage zum Absetzen stehen. Die überstehende Flüssigkeit wird dann vorsichtig vom Bodensatz abgegossen und vor Licht geschützt aufbewahrt. (Nach Hager-Metz, Das Mikroskop und seine Anwendung.)

[2]) Hierbei ist jedoch zu berücksichtigen, daß die Epidermiszellen bei vielen Arten in der Form nicht unerheblich schwanken und oft an ein und demselben Blatt verschiedenartige Ausbildung zeigen. Am Blattrand und über den Nerven besitzen sie außerdem fast immer eine abweichende Gestalt; namentlich über den Nerven sind sie gewöhnlich stark gestreckt und geradwandig, häufig auch derber und getüpfelt.

förmig ausgebildet sind, jedenfalls aber fast immer die lückige Struktur des Gewebes erkennen lassen. Eine Ausnahme bilden nur die hier kaum in Betracht kommenden zentrisch gebauten Blätter, die auch auf der Unterseite Palisaden enthalten. Ein weiteres Merkmal stellen die Spaltöffnungen dar, die bei den meisten der hier zu besprechenden Blätter nur auf der Unterseite in größeren Mengen vorkommen. Bei einigen Arten finden sich allerdings beiderseits Spaltöffnungsapparate in größerer Anzahl. Sie stehen dann gewöhnlich unten dichter als oben.

Nach zarteren Haargebilden, insbesondere Drüsenhaaren, sucht man hauptsächlich auf den Nerven und in deren Umgebung. In manchen Fällen kommen Trichome nur in den Nervenwinkeln oder am basalen Teil des Blattes vor.

An den Querschnitten haben wir erforderlichen Falles festzustellen, ob ein bifaziales oder ein zentrisches Blatt vorliegt; ferner ob die Palisaden ein- oder mehrreihig, schlank oder kurz sind, wie die Ausbildung des Schwammparenchyms und die Lage der etwa im Mesophyll vorhandenen Oxalatkrystalle ist[1]). Als seltenere Vorkommnisse sind Hypodermbildung, Schleim- und Sekretzellen zu nennen. Schließlich können wir den Bau der Trichome und die nur bei einigen Familien auftretenden Cystolithen an Querschnitten genau studieren.

Namentlich bei der Untersuchung der Tabakersatzmittel ist zuweilen auch die Prüfung von Querschnitten des Blattstieles oder der Mittelrippe für die Diagnose wertvoll um den Bau der Leitbündel festzustellen. Dabei kommt es auf die Anordnung der Gefäße und des Bastes, auf das Vorhandensein von Collenchym und Sklerenchymfasern an. Bei den nachstehenden Beschreibungen sind diese Verhältnisse allerdings unberücksichtigt geblieben, da man im allgemeinen ohne solche Unterscheidungsmerkmale auskommt. Für die krystallführenden Blattarten finden sich entsprechende Angaben bei Netolitzky. Im übrigen sind auch hier Vergleichspräparate besonders wichtig.

Die Mengenverhältnisse der einzelnen Bestandteile bestimmt man in Tee- und Tabakersatzmitteln durch Auslesen der gleichartigen Teilchen mit Hilfe der Lupe und Wägen. Die wegen ihrer Kleinheit nicht charakterisierbaren Anteile werden als Grus in Rechnung gesetzt. Kautabak muß zuvor mit Wasser oder Alkohol ausgezogen werden.

Zusammensetzung und Beschaffenheit der aus Tee- und Tabakersatzstoffen hergestellten Erzeugnisse.

A. Tee-Ersatzmittel.

Als seinerzeit die ersten Anregungen zur Einsammlung einheimischer Teekräuter erfolgten, wurde namentlich auf die Blätter der Brombeere, Himbeere, Erdbeere, Eberesche, schwarzen Johannisbeere, Heidelbeere, Preißelbeere, Moosbeere, Heckenrose, Walnuß, Kirsche, des Schwarzdorns und Weißdorns aufmerksam gemacht; genannt wurden ferner u. a. Ulme, Birke, Stechpalme, Weide und Weidenröschen. Die Reichsstelle für Gemüse und Obst wies in ihren Aufforderungen zum Sammeln von Tee-Ersatzpflanzen auch auf aromatische Zusätze wie Waldmeister, Pfefferminze, Salbei u. dergl. hin. Bei Tee-Ersatzmitteln, die lediglich aus getrockneten und zerkleinerten Blättern bestehen, ist meines Erachtens ein solcher Zusatz an Würzkräutern sogar erforderlich,

---

[1]) Hierbei bleibt allerdings zu berücksichtigen, daß im Bau des Mesophylls nicht unerhebliche Schwankungen vorkommen.

wenn das daraus hergestellte Teegetränk die Bezeichnung „Genußmittel" verdienen soll; denn den obengenannten Rohstoffen fehlt im getrockneten Zustand fast jedes Aroma, abgesehen von den Blättern der Walnuß und der schwarzen Johannisbeere, deren Gehalt an Riechstoffen beim Trockenprozeß zwar sehr abnimmt, aber nicht ganz verschwindet. Zu den Würzmitteln sind übrigens auch die Lindenblüten zu rechnen, die für sich allein allerdings den Charakter eines medizinischen Tees besitzen, ebenso wie Pfefferminze und Salbei.

Seit einiger Zeit sind aber Produkte im Handel, die gegenüber den Gemengen aus einfach getrockneten Blättern einen wesentlichen Fortschritt darstellen. Man hat mit offensichtlichem Erfolg versucht, die Aufbereitungsart des chinesischen Tees nachzuahmen, indem man das Rohmaterial einer Fermentation unterwirft, zum Teil auch rollt und dann leicht röstet. Hierbei entstehen Riech- und Geschmacksstoffe, die denen des chinesischen Tees doch recht ähnlich sind, sodaß sich eigentliche Würzkräuter erübrigen. Derartige Produkte besitzen die dunkle Färbung des chinesischen Tees und liefern im Gegensatz zu den nicht fermentierten Blättern beim Brühen einen teefarbenen und teeähnlich riechenden Auszug. Bei weiterer Vervollkommnung der Verfahren und entsprechender Auswahl der Rohstoffe dürfte es möglich sein, Ersatzmittel zu erzeugen, die dauernde Bedeutung erlangen könnten [1].

Was nun die Zusammensetzung der im Handel befindlichen Tee-Ersatzmittel betrifft, so finden im allgemeinen die oben genannten Blattarten Verwendung, insbesondere die Blätter der Himbeere, Brombeere, Erdbeere, schwarzen Johannisbeere und Heidelbeere, oft mit Zusatz von Pfefferminze, Waldmeister oder Lindenblüten. Auch Birken- und Nußblättern begegnet man nicht selten; besonders häufig findet man Heidekraut in solchen Teegemengen [2].

Namentlich in der ersten Zeit sind vielfach Erzeugnisse beobachtet worden, die außerordentlich viel Gras enthielten und oft direkt den Eindruck von Heu machten. Sie besaßen auch den auf Anthoxanthum odoratum (Ruchgras) zurückzuführenden Heugeruch, der durch einen geringen Cumaringehalt bedingt ist, ließen im Aufguß aber von einem Aroma nichts bemerken. Es sei hier an eine Mitteilung Tunmann's [3] erinnert, dem Teeproben vorlagen, die aus Graubündener „Bergheu" bestanden und in denen er neben Ranunculus und Alchemilla sogar Blätter von Veratrum album (5 %!) und Nadeln von Taxus baccata auffand, ein Beweis, daß die Überwachung der Tee-Ersatzmittel schon aus gesundheitlichen Gründen keineswegs überflüssig ist. Ein ganz ähnliches Produkt mit Veratrum ist auch mir begegnet.

Eine Anzahl der als Tee-Ersatz vertriebenen Gemenge besitzt mehr den Charakter von pharmazeutischen Zubereitungen, indem diese Produkte ganz oder teilweise aus Drogen bestehen, die als Heil- oder Hausmittel Verwendung finden. In derartigen Gemengen wurden z. B. festgestellt Rosenfrüchte, Bohnenschalen, rotes Santelholz, Malvenblüten, Ringelblumen, Kornblumen, Schafgarben-

---

[1] Durch entsprechenden Zusatz von Coffein läßt sich im wesentlichen auch die physiologische Wirkung des chinesisches Tees erzielen.

[2] Im übrigen kann man immer wieder die auch von anderer Seite gemachte Beobachtung bestätigt finden, daß die Zusammensetzung einer bestimmten Marke eines Tee-Ersatzmittels zu verschiedenen Zeiten oft ganz verschieden ist. Es ist dies darauf zurückzuführen, daß die ursprünglich verwandten Rohstoffe zeitweilig nicht in hinreichender Menge verfügbar sind, oder zu hoch im Preise stehen und deshalb durch eine andere Mischung ersetzt werden.

[3] Apotheker-Ztg. 1917, 32, 433.

blüten, Huflattichblätter, Altheewurzel, Wacholderbeeren, Fenchel, Mohnkapseln u. dergl.

Bei den nachstehenden Beschreibungen von Ersatzstoffen sind solche Drogen, die arzneiliche Verwendung finden oder gefunden haben und zum Teil noch als Hausmittel im Gebrauch sind, unberücksichtigt geblieben. Die Zusammensetzung solcher mehr pharmazeutischen Zubereitungen, wie Harzer Gebirgskräutertee und ähnlicher Gemenge, läßt sich am schnellsten mit Hilfe von Vergleichsmustern ermitteln, die jederzeit im Drogenhandel zu haben sind, während dies für die Tee- und auch die Tabakersatzstoffe nicht allgemein zutrifft. Im Bedarfsfalle kann außerdem die pharmakognostische Literatur herangezogen werden. Auch die Beschreibung der zahlreichen sonstigen gelegentlich einmal in Teegemengen zur Beobachtung gelangten Blätter und Kräuter[1]) ist im Interesse der Übersichtlichkeit unterblieben; es sind vielmehr nur die obengenannten praktisch hauptsächlich in Betracht kommenden und die in der Literatur unter den Teeverfälschungen genannten Arten behandelt worden.

Bemerkt sei noch, daß auch Gemenge aus verschiedenen Tee-Ersatzstoffen mit Teegrus im Handel vorgekommen sind.

B. Tabakersatz.

Die bereits im Frieden auf Grund der Tabaksteuergesetzgebung zugelassenen für die Herstellung von Rauchtabak in Betracht kommenden Tabakersatzstoffe waren Kirschblätter, Weichselblätter, eingesalzene Rosenblätter, Wegebreitblätter, Altheeblätter und Huflattichblätter[2]). Hierzu kamen dann während des Krieges Hopfen, Zichorien-, Buchen-, Linden-, Ahorn-, Platanen-, Kastanienblätter, sowie die Blätter der Weinrebe und wilden Rebe und schließlich Birnen-, Apfel-, Walnuß-, Haselnuß- und Topinamburblätter. Alle diese Ersatzstoffe können uns also in Tabakerzeugnissen und tabakähnlichen Waren begegnen. Berücksichtigt werden müssen hier außerdem die in der Literatur unter den Tabakverfälschungen aufgeführten Blattarten, wie Runkelrübe, Ampfer, Rhabarber, Eiche, Ulme, Kartoffel, Tomate, Hollunder sowie die der Topinambur nahe verwandte Sonnenblume. Von einheimischen Laubbäumen mit größeren Blättern bleiben dann nur noch Erle und Pappel übrig, die der Vollständigkeit halber unten mit besprochen werden. Zu nennen ist ferner der Hanf, der gleichfalls als Tabakersatzstoff vorgeschlagen wurde und wegen seiner narkotischen Wirkung eine besondere Stellung einnimmt[3]). Hinsichtlich der Wirkung scheint auch der dem Hanf verwandte Hopfen nicht ganz harmlos zu sein, denn er hat vielfach Kopfschmerzen hervorgerufen, obwohl das Mischungsverhältnis bestimmungsgemäß 20% des Gesamtgewichtes der Mischung nicht übersteigen darf.

---

[1]) So werden z. B. von Diels, Ersatzstoffe aus dem Pflanzenreich 1918, noch folgende Arten genannt, die gelegentlich beobachtet wurden: Marchantia polymorpha, Asplenium ruta muraria, Myrica gale, Urtica urens, Dianthus im „Bergheu", Sedum maximum, Potentilla, Agrimonia eupatoria, Trifolium-Arten, Malva-Arten, Hypericum-Arten, Sanicula europaea, Peucedanum oreoselinum, Pyrola-Arten, Primula, Gentiana im „Bergheu", Pulmonaria officinalis, Galeopsis dubia, Betonica officinalis, Melissa officinalis, Origanum vulgare, Thymus vulgaris und Serpyllum, Veronica-Arten, Plantago-Arten, Scabiosa-Arten, Carlina vulgaris.

[2]) Ferner noch Melilotenblüten, Veilchenwurzelpulver, Vanilleroots, Baldrianwurzeln und Brennesseln. Ich beobachtete außerdem wiederholt Pteridium aquilinum (Adlerfarn).

[3]) Die als Heilmittel dienenden narkotisch wirkenden Solanaceenblätter (Stechapfel, Bilsenkraut, Tollkirsche) sind außerdem in einer Fußnote behandelt (S. 259).

Über Kopfschmerz, Übelsein u. dergl. wird aber auch nach dem Rauchen anderer Ersatzstoffe zuweilen geklagt. Zum Teil dürfte dies mit der Aufbereitung zusammenhängen. Fermentierte Blätter scheinen besser bekömmlich zu sein, als einfach getrocknete. In welcher Weise das Material zuweilen gewonnen wird, ließ z. B. eine Sorte Tabakersatz erkennen, nach der zahlreiche Personen Übelsein bekommen hatten. Die mikroskopische Untersuchung ergab lediglich das Vorhandensein von Buchenlaub. Die nach Art des Tabaks geschnittenen Blattstückchen waren aber zum Teil skelettiert, also verwest, oder von Pilzen befallen. Außerdem wurden dazwischen Flügeldecken von Käfern, Holzteilchen und andere auf dem Waldboden vorkommende Verunreinigungen gefunden, ein Beweis, daß es sich wenigstens zum Teil um altes abgefallenes Buchenlaub handelte, das einfach zusammengekehrt, geschnitten und dann verpackt worden war.

Als „Rauchkräuter" bezeichnete Zubereitungen, die sich von Teegemengen in keiner Weise unterschieden, befanden sich namentlich in der ersten Zeit der Tabakknappheit im Handel. Eine solche Probe enthielt z. B. Kamillenblüten, Schafgarbenblüten, Arnikablüten, Hopfen, Brombeerblätter, Hirtentäschelkraut, Erbsenhülsen, Fenchel, rotes Santelholz u. dergl. Für die Untersuchung derartiger Gemenge gilt das bereits bei den Tee-Ersatzstoffen Gesagte[1]).

Erwähnt sei noch der Kautabak, der in letzter Zeit vielfach vom Publikum beanstandet wurde. Zur Untersuchung gelangten z. B. Produkte, die lediglich aus Rübenblättern hergestellt und mithin als nachgemacht anzusehen waren. Ein anderes Fabrikat war durch Komprimieren von Tabakstaub gewonnen und bestand infolgedessen etwa zur Hälfte aus Sand. Die meisten der von Konsumenten eingelieferten Erzeugnisse erwiesen sich aber lediglich als kleine Zigarren vom Charakter der Schweizer Stumpen, die mit einer tintenartigen Flüssigkeit dermassen getränkt waren, daß sich beim Kauen Zähne und Mundhöhle schwarz färbten. Ersatzstoffe enthielten diese Proben übrigens nicht, sie mußten aber wegen ihrer ekelerregenden Beschaffenheit als verdorben im Sinne des Nahrungsmittelgesetzes bezeichnet werden.

Gesetzliche Bestimmungen.

Während für die Tee-Ersatzmittel die Bestimmungen der Bundesratsverordnung vom 7. März 1918 über die Genehmigung von Ersatzlebensmitteln maßgebend sind, trifft dies für die Tabakersatzmittel nicht zu, weil diese zwar als Genußmittel, nicht aber als eigentliche Lebensmittel anzusehen sind. Es kommen daher für die rechtliche Beurteilung der letzteren hauptsächlich die Bestimmungen der Steuergesetzgebung in Betracht. Von Interesse für den Nahrungsmittelchemiker ist nach dieser Richtung namentlich folgendes:

---

[1]) Diels (Ersatzstoffe aus dem Pflanzenreich) nennt außerdem noch folgende Arten, die nach Literaturangaben in bestimmten Gegenden von der Bevölkerung zur Streckung des Tabaks verwandt werden: Sphagnum, Myrica gale, Berberis vulgaris, Nasturtium officinale, Archangelica officinalis, Arctostaphylus uva ursi, Cyclamen europaeum, Gentiana-Arten, Symphytum officinale, Anchusa officinalis, Glechoma hederacea, Lavandula spica, Brunella, Betonica, Salvia, Thymus vulgaris und Serpyllum, Mentha piperita, Viburnum opulus, Valeriana celtica, Achillea millefolium, Arnica montana, Doronicum-Arten, Senecio vulgaris.

Fühner (Berichte der Deutsch. Pharm. Gesellsch. 1919, 29, 168) hat angeregt, Versuche zu machen, ob die Blätter des Goldregens (Cytisus laburnum) als Tabakersatz Verwendung finden können, da das im Goldregen vorkommende Alkaloid Cytisin in seiner physiologischen Wirkung dem Nicotin sehr ähnlich ist.

Nach § 37 des Tabaksteuergesetzes vom 15. Juli 1909[1]) ist die Verwendung von Tabaksurrogaten bei der Herstellung von Tabakfabrikaten verboten. Ausnahmen hiervon kann der Bundesrat unter entsprechenden für die Kontrolle erforderlichen Bestimmungen gestatten.

Die am 1. Juli 1912 als Anlage zur Tabaksteuerordnung in Kraft getretene Tabakersatzstoffordnung enthält als Beilage ein Verzeichnis der Tabakersatzstoffe, deren Mitverwendung bei der Herstellung von Tabakerzeugnissen gestattet werden kann. Dies sind gewöhnliche Kirschblätter, Weichselkirschblätter, eingesalzene Rosenblätter, Wegebreitblätter, Altheeblätter, Huflattichblätter. Genannt sind außerdem Melilotenblüten (Steinklee), Veilchenwurzelpulver, sogenannte Vanilleroots (Blätter von Liatris odoratissima), Baldrianwurzeln und getrocknete Brennesseln, Rohstoffe, die aber, abgesehen von Liatris, wohl hauptsächlich nur für die Herstellung von Schnupftabak in Betracht kommen.

Eine Ergänzung der Beilage der Tabakersatzstoffordnung erfolgte durch den Bundesratsbeschluß vom 11. Februar 1915. Hierdurch wurden noch Krauseminze, Citronenschale, Lavendel und Thymian zur Mitverwendung bei der Herstellung von Tabakerzeugnissen gestattet. Durch Bundesratsbeschluß vom 12. August 1915 wurde ferner Waldmeister als Tabakersatzstoff vorübergehend zugelassen.

Während des Krieges machte dann der Tabakmangel die Zulassung weiterer Ersatzstoffe notwendig. Durch die Bundesratsbeschlüsse vom 29. November 1917, 20. Dezember 1917, 20. Februar 1918 und 15. August 1918 wurde daher genehmigt, daß den Herstellern von Tabakerzeugnissen die Verwendung von Hopfen, Zichorienblättern, Buchenlaub, Lindenblättern, Ahornblättern, Platanenblättern, Blättern der wilden Rebe und Weinrebe, Kastanienblättern, Birnenblättern, Apfelblättern, Walnußblättern, Haselnußblättern und Topinambur als Ersatzstoffe bei der Herstellung von Tabakerzeugnissen und tabakähnlichen Waren gestattet werden darf. Schließlich wurde durch den Bundesratsbeschluß vom 5. Dezember 1918 die Verwendung von Coniferennadeln als Ersatzstoff bei der Herstellung von Tabakerzeugnissen und tabakähnlichen Waren zugelassen.

Der Menge nach beschränkt wurde nur der Hopfenzusatz. Nach der Bekanntmachung des Reichskanzlers vom 29. November 1917 darf das Mischungsverhältnis des Hopfens zum Tabak bei den einzelnen Tabakerzeugnissen 20% des Gesamtgewichtes der Mischung nicht übersteigen.

Die Frage, wie hoch der Gehalt an Tabakersatzstoffen bei Tabakerzeugnissen sein darf, wurde durch die Verfügung des Finanzministers vom 16. Januar 1918 dahin beantwortet, daß eine Mischung, deren Tabakanteil mehr als 5% des Gesamtgewichtes ausmacht, noch als Tabakerzeugnis angesehen werden kann.

Als Tabak im Sinne der Verordnung über Rohtabak vom 10. Oktober 1916 gelten übrigens nach der Bundesratsverordnung vom 19. September 1918 auch Köpfe, Seitentriebe, Strünke, Rippen (Stengel) und Abfälle[2]).

---

[1]) Die für uns wichtigen Bestimmungen des inzwischen in Kraft getretenen neuen Tabaksteuergesetzes sind am Schluß dieses Abschnittes nachgetragen.

[2]) Rauchtabak, der lediglich aus geschnittenen Rippen oder Strünken bestand, aber fast keinerlei Tabakaroma besaß, da die Blatteile vollständig fehlten, ist mir vielfach begegnet. Auch der Tabakanteil von Tabakmischwaren besteht oft ausschließlich aus geschnittenen

Von besonderem Interesse ist noch die Bekanntmachung des Reichskanzlers, betr. die äußere Kennzeichnung von Tabakmischwaren und tabakähnlichen Waren, vom 18. Juli 1918. Danach ist eine Kennzeichnung erforderlich für Erzeugnisse

    1. aus Tabak und Ersatzstoffen (Tabakmischwaren),

    2. aus Ersatzstoffen allein (tabakähnliche Waren).

Tabakmischwaren, die in Packungen oder Behältnissen an den Verbraucher abgegeben werden sollen, müssen auf der Packung u. a. enthalten die Bezeichnung „Tabakmischware", die in Gewichtsteilen ausgedrückte Angabe der darin enthaltenen Mengen reinen Tabaks, sowie die Bezeichnung der zur Herstellung verwandten Stoffe. Ebenso müssen die Packungen von tabakähnlichen Waren neben dieser Bezeichnung eine Angabe über die zur Herstellung verwandten Stoffe enthalten. Diese Bestimmungen finden aber keine Anwendung auf Waren, die für Kau- oder Schnupfzwecke verwandt werden sollen.

Vorstehendes waren die bis vor Kurzem geltenden Bestimmungen. Die neuesten Bestimmungen in dieser Hinsicht sind durch § 3 des am 1. April 1920 in Kraft getretenen Reichstabaksteuergesetzes vom 12. September 1919 gegeben.

Absatz 1 lautet: Tabakersatzstoffe dürfen bei der Herstellung von Tabakerzeugnissen, sowie von Waren, die ohne Mitverwendung von Tabak bereitet sind und als Ersatz für Tabakerzeugnisse in den Handel gebracht werden sollen (tabakähnliche Waren), nur nach näherer Bestimmung des Reichsministers der Finanzen verwendet werden. Bei der Herstellung von Zigarren dürfen Tabakersatzstoffe nicht verwendet werden. Tabakerzeugnisse und tabakähnliche Waren, zu deren Herstellung nicht zugelassene Tabakersatzstoffe verwendet worden sind, dürfen nicht in den Verkehr gebracht werden.

Absatz 4 desselben Paragraphen lautet: Bei Erzeugnissen, die aus Tabakersatzstoffen allein, oder aus Tabak unter Mitverwendung von Ersatzstoffen hergestellt sind, ist dies nach näherer Bestimmung des Reichsministers der Finanzen auf den Packungen in einer dem Verbraucher erkennbaren Weise anzugeben.

Absatz 5 lautet: Jede aus Tabakersatzstoff hergestellte Zigarette hat den Aufdruck „Ersatzstoff" und jede aus Tabak unter Mitverwendung von Ersatzstoffen hergestellte Zigarette den Aufdruck „Mischware" zu tragen.

Als Anlage A zu den Tabaksteuer-Ausführungsbestimmungen vom 26. Februar 1920 erschien dann die Tabakersatzstoffordnung. Uns interessieren hauptsächlich die §§ 10, 11, 13 und 15, von denen sich die drei ersten auf die Kennzeichnung beziehen.

§ 10. 1. Tabakmischwaren müssen auf der Packung in einer für den Käufer leicht erkennbaren Weise und in deutscher Sprache folgende Angaben enthalten: 1. den Namen oder die Firma usw.; 2. die Bezeichnung „Tabakmischware", die in Gewichtsteilen ausgedrückte Angabe der darin enthaltenen Mengen reinen Tabaks sowie die Bezeichnung der zur Herstellung sonst verwendeten Stoffe; 3. den Inhalt nach Gewicht usw.

2. Von der Kennzeichnungspflicht sind Tabakmischwaren mit Ausnahme der

---

Rippen u. dergl. Lediglich aus Strünken hergestellter Tabak muß zum mindesten als „Strunktabak" bezeichnet werden. Benennungen wie „feiner leichter Rauchtabak" u. dergl. sind offensichtlich irreführend, da ein nur aus Strünken hergestelltes Erzeugnis beim Rauchen überhaupt keine Tabakduftstoffe entwickelt. Über die mikroskopische Erkennung siehe später bei Tabak.

Zigaretten befreit, bei denen die Beimischung von Tabakersatzstoffen nur aus gewöhnlichen Kirsch- oder Weichselblättern oder aus Vanilleroots, an deren Stelle getrockneter Waldmeister verwendet werden kann, besteht und 5 % des Gesamtgewichts nicht überschreitet. Die beigemischte Menge von 5 % darf aus einem der genannten Ersatzstoffe, aus mehreren oder allen zusammen bestehen.

§ 11. Tabakähnliche Waren müssen auf der Packung in einer für den Käufer leicht erkennbaren Weise und in deutscher Sprache außer den in § 10 Ziffer 1 u. 3 vorgeschriebenen Angaben die Bezeichnung „tabakähnliche Ware" und die Angabe der zur Herstellung verwendeten Stoffe enthalten.

§ 13. Jede aus Tabakersatzstoffen hergestellte Zigarette hat außerdem den Aufdruck „Ersatzstoff" und jede aus Tabak unter Mitverwendung von Ersatzstoffen hergestellte Zigarette den Aufdruck „Mischware" in leicht erkennbarer Weise zu tragen. Die Schriftgröße des Aufdrucks muß dieselbe sein und an der gleichen Stelle stehen wie der übrige Aufdruck.

§ 15 enthält Übergangsbestimmungen und lautet:

1. Vorräte an Tabakersatzstoffen, die vor dem Inkrafttreten des Gesetzes zur Herstellung von Tabakmischwaren und tabakähnlichen Waren zugelassen waren, dürfen innerhalb von drei Monaten nach dem Inkrafttreten des Gesetzes zu Tabakmischwaren und tabakähnlichen Waren, mit Ausnahme von Zigarren, aufgearbeitet werden. Die Erzeugnisse sind mit dem vorgeschriebenen Aufdruck zu versehen; sie dürfen nach Maßgabe des Absatzes 2 in den Verkehr gebracht werden.

2. Vorräte an Tabakmischwaren und tabakähnlichen Waren, die nicht den Bestimmungen der Tabakersatzstoff-Ordnung entsprechend hergestellt und bezeichnet sind, dürfen innerhalb von 6 Monaten nach dem Inkrafttreten des Gesetzes feilgehalten, verkauft oder sonst in den Verkehr gebracht werden.

Eine Beilage zur Tabakersatzstoff-Ordnung enthält das Verzeichnis der Tabakersatzstoffe, deren Mitverwendung bei der Herstellung von Tabakerzeugnissen sowie zur Herstellung tabakähnlicher Waren gestattet werden kann. Dies sind 1. Blätter der gewöhnlichen Kirsche oder Süßkirsche (Prunus avium L.) und Blätter der Weichselkirsche oder Sauerkirsche (Prunus cerasus L.), 2. Melilotenblüten (Steinklee), 3. eingesalzene Rosenblätter, 4. Veilchenwurzelpulver, 5. sogenannte Vanilleroots (Blätter usw. von Liatris odoratissima) sowie getrockneter Waldmeister, 6. Wegebreitblätter, 7. Altheeblätter, 8. Huflattichblätter, 9. Baldrianwurzel, 10. getrocknete Brennesseln, 11. Krauseminze, 12. Citronenschalen, 13. Lavendel, 14. Thymian.

In dem Verzeichnis fehlen also alle in der zweiten Hälfte des Krieges durch Bundesratsbeschlüsse zugelassenen Ersatzstoffe. Diese dürfen mithin in Zukunft keine Verwendung mehr finden, abgesehen von der durch § 15 der Tabakersatzstoff-Ordnung festgesetzten Frist.

Übersicht der beschriebenen Blattarten nach besonderen Merkmalen.

Die nachstehende Gruppierung der Blätter nach besonders auffallenden Merkmalen soll die Auffindung der Art in der Praxis erleichtern. Von der Aufstellung eines eigentlichen Bestimmungsschlüssels wurde jedoch abgesehen, da ein solcher nur bei Berücksichtigung aller unter Umständen vorkommenden Blattarten gerechtfertigt erscheint, die Grenzen dieser Arbeit aus Zweckmäßigkeitsgründen aber enger gezogen werden mußten.

1. **Raphidenkrystalle** enthalten:
   Vitis vinifera, Ampelopsis quinquefolia, Asperula odorata, Epilobium-Arten.
2. **Krystallsandzellen** enthalten:
   Nicotiana tabacum, Solanum tuberosum, Solanum lycopersicum, (Atropa belladonna), Sambucus nigra, Beta vulgaris.
3. Die Blätter enthalten **Oxalatdrusen**:
   A. **ohne Einzelkrystalle**
      α) **Drusen nur im Mesophyll vorhanden:**
         Salix (siehe auch unter B β und γ) Alnus, Cannabis sativa, Humulus lupulus (Stengelblätter), Rumex, Ilex aquifolium, Ribes nigrum, Rubus Idaeus, Calluna vulgaris, (Datura stramonium).
      β) **Drusen im Mesophyll und längs der Nerven, oder in diesen vorkommend:**
         Castanea vesca (siehe auch unter B γ),
         Corylus avellana (große Drusen im Mesophyll, kleine vereinzelt in Begleitung der Nerven),
         Juglans regia (größere Drusen zahlreich im Mesophyll, in den Nerven nur sehr kleine),
         Morus (Drusen vorwiegend längs der Nerven),
         Ulmus (siehe auch unter B γ),
         Platanus (siehe auch unter B γ),
         Rheum (Mesophyll mit großen Oxalatdrusen, Leitbündel mit Magnesiumcarbonatkrystallen),
         Aesculus hippocastanum (Drusen häufig längs der Nerven, zerstreut im Mesophyll),
         Althaea officinalis (Drusen hauptsächlich in der Nähe der Nerven),
         Prunus cerasus (Drusen reichlich längs der Nerven, sehr vereinzelt unabhängig von diesen im Mesophyll),
         Fragaria vesca (siehe auch unter B γ),
         Rubus-Arten (siehe auch unter B α und γ),
         Sorbus aucuparia (Drusen fast nur längs der Nerven, siehe auch unter B γ),
         Spiraea ulmaria (große Drusen im Mesophyll, vereinzelt in den Nerven),
         Thea chinensis (Drusen im Mesophyll zerstreut, sehr kleine in Haupt- und Seitennerven).
         Cornus mas (im Mesophyll vereinzelt Drusen, in den Nebenrippen z. T. Kammerfasern mit undeutlich gegliederten Drusen).
   B. **neben Einzelkrystallen**
      α) **Mesophyll mit großen Einzelkrystallen. Drusen nur in den Nerven vorkommend:**
         Carpinus betulus, Rubus caesius (siehe auch unter A β; Bastarde von R. caesius enthalten neben wenig Einzelkrystallen Drusen im Mesophyll, siehe auch unter B γ).
      β) **Das Mesophyll enthält Drusen, die Nerven Einzelkrystalle, letztere oft massenhaft, meist in Form von Krystallkammerfasern vorhanden:**
         Quercus (Drusen zahlreich, Einzelkrystalle bilden dichten Belag auf der Unterseite der Nerven in Form von Kammerfasern),
         Fagus silvatica (Drusen einzeln, Einzelkrystalle massenhaft in Kammerfasern),
         Salix alba (Einzelkrystalle in geringer Anzahl in den Nerven, daneben zuweilen auch Drusen),
         Populus (Drusen einzeln, Einzelkrystalle bilden dichten Belag auf den Nerven),

Acer pseudoplatanus (Drusen im Mesophyll selten, Unterseite der Nerven von
Kammerfasern mit zahlreichen Einzelkrystallen bedeckt),
(Bei Acer platanoides fehlen die Drusen meist vollständig; siehe auch unter 4.)
Crataegus (Drusen im Mesophyll nicht sehr zahlreich, längs der Nerven
kommen neben Einzelkrystallen auch einzelne Drusen vor),
Pirus malus (Drusen ziemlich einzeln, Nerven von Kammerfasern mit zahl-
reichen Einzelkrystallen bedeckt),
Pirus communis (wie vorige Art, aber Drusen etwas zahlreicher).

γ) **Längs der Nerven oder in diesen kommen Drusen und Einzelkrystalle vor:**

Castanea vesca (siehe auch unter A β),
Betula (Drusen im Mesophyll und längs der Nerven, die stärkeren Nerven
enthalten auch Einzelkrystalle),
Salix alba (siehe auch unter B β),
Ulmus (siehe auch unter A β),
Platanus (siehe auch unter A β),
Tilia (zahlreiche Einzelkrystalle und vereinzelte Drusen längs der Nerven),
Prunus spinosa (Drusen und Einzelkrystalle im Mesophyll sehr vereinzelt,
zahlreich längs der Nerven, Kammerfasern),
Prunus avium (längs der Nerven vorwiegend Einzelkrystalle in Kammerfasern,
in geringerer Menge Drusen; Mesophyll enthält sehr vereinzelte Drusen),
Fragaria vesca (Drusen und Einzelkrystalle im Mesophyll und hauptsächlich
längs der Nerven; vergl. auch unter A β),
Rosa (Drusen neben Einzelkrystallen vorwiegend längs der Nerven),
Sorbus aucuparia (unabhängig von den Nerven kommen nur vereinzelt Drusen
im Mesophyll vor),
Crataegus (siehe auch unter B β),
Rubus (Bastarde von R. caesius enthalten zuweilen längs der Nerven Drusen
und wenig Einzelkrystalle; siehe auch unter B α).

δ) **Im Mesophyll finden sich zahlreiche Einzelkrystalle verschie-
dener Form (vorwiegend prismatisch), ferner Zwillingskrystalle und
Drusen, selten Krystallsandzellen:**
(Hyoscyamus niger).

4. **Nur Einzelkrystalle aus Calciumoxalat in Form von Kammerfasern
enthalten:**

Acer platanoides (bei Acer pseudoplatanus enthält das Mesophyll außerdem Drusen,
die aber nur selten vorkommen),
Vaccinium vitis Idaea (Kammerfasern auf der Unterseite der Nerven, im Mesophyll
Drusen sehr selten oder ganz fehlend),
Vaccinium oxycoccus ⎱
 „ myrtillus ⎰ (Kammerfasern auf der Unterseite der Nerven).
Robinia pseudacacia führt längsgestreckte Einzelkrystalle in den Nerven höherer
Ordnung, nicht in Form von Kammerfasern.

5. **Frei von Oxalatkrystallen sind:**

Labiaten (Mentha, Salvia, Thymus, Lavandula), Plantago major und lanceolata,
Fraxinus excelsior, Lithospermum, Cichorium intybus (ausgezeichnet durch Milch-
saftschläuche), Tussilago farfara, Helianthus annuus, Helianthus tuberosus, Cytisus,
Liatris, Urtica, Zostera.

6. **Durch Cystolithen gekennzeichnet sind:**

a) **Cystolithen in Haaren.**
Humulus lupulus, Cannabis sativa, Lithospermum, Helianthus annuus (Helianthus
tuberosus enthält nur sehr kleine cystolithische Körper in einigen Haaren).

b) Cystolithen in vergrößerten Epidermiszellen.

Morus alba und Morus nigra, Urtica.

7. **Drüsenschuppen besitzen:**

Betula- und Alnus-Arten, Juglans regia, Humulus lupulus, Cannabis sativa, Ribes nigrum, Labiaten (Mentha, Salvia, Thymus, Lavandula), Fraxinus excelsior.

8. **Vorkommen sonstiger auffallender Trichombildung.**

a) Haarfilz unterseits

Populus alba, Rubus Idaeus, Pirus malus, Tussilago farfara.

b) Kandelaberhaare (Sternhaare, aus 3—4 übereinanderstehenden Quirlen zusammengesetzt)

Platanus, (Verbascum).

c) Sternförmige Büschelhaare

Castanea vesca, Althaea officinalis, Tilia (ausländische Arten), Rubus-Arten.

d) Große Papillen

Rheum, Rumex.

9. **Besondere Ausbildung des Spaltöffnungsapparates:**

a) Es sind 2 quer zum Spalt gerichtete Nebenzellen vorhanden.

Labiaten (Mentha, Salvia, Thymus, Lavandula).

b) Es sind 2 mit dem Spalt gleichgerichtete Nebenzellen vorhanden.

Salix- und Populus-Arten, Vaccinium vitis Idaea, Vaccinium oxycoccus, Vaccinium myrtillus, Asperula odorata.

c) Es sind 3 Nebenzellen vorhanden.

Rheum- und Rumex-Arten, Solanum tuberosum (zuweilen 4 Zellen), (Atropa belladonna) (3—4 Zellen bei Datura und Hyoscyamus).

10. **Spaltöffnungen auf beiden Blattflächen besitzen:**

Salix-Arten, Populus nigra, Beta vulgaris, Rumex-Arten, Rheum-Arten, Althaea officinalis, Vaccinium Vitis Idaea (oben vereinzelt), Lithospermum, Solanum tuberosum, (Atropa belladonna, Datura Stramonium, Hyoscyamus niger), Salvia officinalis, Mentha piperita, Plantago major, Helianthus tuberosus, Helianthus annuus, Cichorium intybus, Tussilago farfara, Liatris odoratissima.

Beschreibung der hauptsächlich als Tee- und Tabakersatzstoffe in Betracht kommenden Blattarten [1]).

A. Tee-Ersatz.

Außer den für die Herstellung von Tee-Ersatzmitteln empfohlenen Rohstoffen sind hier auch einige in solchen Gemengen sonst noch häufiger beobachtete, sowie die in der Literatur unter den Teeverfälschungen angegebenen einheimischen Blätter berücksichtigt worden. Für die letzteren erübrigten sich entsprechende Zeichnungen, da solche bereits in dem allgemein verbreiteten Moeller'schen Werk [2]) vorliegen, auf das hier hingewiesen sei. Aus Zweckmäßigkeitsgründen sei eine Beschreibung des echten Tees vorausgeschickt.

Tee (Thea sinensis L. — Ternstroemiaceae) [3]).

Die länglichen Blätter besitzen eine etwas lederige Beschaffenheit. Sie sind am Rande fein gezähnt und an der Basis allmählich in den kurzen Blattstiel ver-

[1]) Da fast alle hier beschriebenen Blätter bifazial gebaut sind, ist dies bei den einzelnen Arten nicht besonders erwähnt worden. Zentrische Bauart, oder aus gleichförmigen Zellen bestehendes Mesophyll wurde dagegen ausdrücklich hervorgehoben.

[2]) J. Moeller, Mikroskopie der Nahrungs- und Genußmittel. 2. Aufl. 1905.

[3]) Abbildungen siehe bei Moeller.

schmälert. Die Blattzähne tragen bei jungen Blättern Drüsen. Die von der Mittelrippe in wenig spitzem Winkel abzweigenden Seitennerven bilden in einiger Entfernung vom Rande Schlingen. Die beiden Epidermen bestehen aus derbwandigen Zellen. Diese sind unterseits größer und besitzen nur schwach wellig gebogene Wände. Die Unterseite trägt neben großen Spaltöffnungen lange einzellige Haare, die ein Erkennungsmerkmal des Teeblattes darstellen. Sie sind dickwandig und über der Basis meist umgebogen, sodaß sie der Blattfläche anliegen. An jungen Blättern finden sie sich reichlich, an ausgewachsenen spärlich oder gar nicht. Als weiteres für die Diagnose besonders wichtiges Merkmal kommen die im Teeblatt auftretenden Idioblasten in Betracht. Dies sind unregelmäßig verzweigte Sklereiden, die das Mesophyll von der Oberseite bis zur Unterseite etwa trägerartig durchziehen. In den jüngsten Blättern findet man sie nur vereinzelt (in der Mittelrippe), in ausgewachsenen dagegen rehr reichlich. Ihre Erkennung ist bereits an Quetschpräparaten leicht möglich, die man nach Einwirkung von Lauge auf die betreffenden Blatteile herstellt. In gebleichten Blättern sind sie oft unmittelbar sichtbar. Oxalatdrusen kommen im Mesophyll zerstreut vor. Die Palisadenzellen sind 1—2-reihig, das Schwammparenchym besteht aus 5—6 Lagen.

Silberweide (Salix alba L. — Salicaceae)[1].

Die Blätter sind lineallanzettlich, am Rande klein gesägt, auf der Unterseite je nach dem Alter mehr oder weniger stark behaart. Die von der Mittelrippe fiederförmig abzweigenden Seitennerven laufen bogenförmig nach außen und bilden in der Nähe des Randes undeutliche Schlingen.

Die Epidermis besteht beiderseits aus polygonalen fast gradwandigen ziemlich kleinen Zellen und ist reichlich mit Spaltöffnungen durchsetzt. Letztere werden von zwei zum Spalt parallelen Nebenzellen umschlossen. Hinzu kommt an den beiden Polen meist noch je eine normale oder quergerichtete Epidermiszelle. Die Cuticula ist auf der Oberseite deutlich gestreift. Besonders deutlich ist dies bei den Nebenzellen sichtbar, bei denen die Streifung rechtwinklig zum Spalt verläuft. Die Randzähne tragen konische Drüsenzotten mit palisadenartig ausgebildeter Epidermis. Auf der von Wachsausscheidungen bedeckten Unterseite des Blattes befinden sich einzellige, schlanke derbwandige Haare, die der Oberfläche anliegen. Auf der Oberseite beobachtet man — wenigstens an älteren Blättern — nur noch Haarnarben. Das Mesophyll enthält zahlreiche Oxalatdrusen verschiedener Größe; auch in der Mittelrippe finden sich Drusen, während die Seitennerven meist frei von Krystallen sind. Das gesamte Mesophyll besteht aus palisadenartigen Zellen, von denen die unteren Lagen nur kurz sind. Ein Schwammparenchym ist aber nicht deutlich erkennbar. Auf die Epidermis der Unterseite folgt eine aus flachen Zellen bestehende hypodermatische Schicht.

Die Blätter von Salix pentandra L. die im Schrifttum unter den Teeverfälschungen genannt werden, sind bifazial, die Spaltöffnungen auf der Oberseite einzeln.

Walnuß (Juglans regia L. — Juglandaceae) (Fig. 1, 2, 3).

Die Blätter sind unpaarig gefiedert, die Teilblättchen etwa eiförmig, ganzrandig, meist zugespitzt, beiderseits scheinbar kahl. Unter der Lupe beobachtet man auf der Unterseite in den Winkeln der Sekundärnerven kleine Haarbüschel. Die Sekundärnerven sind etwas nach aufwärts gebogen und bilden in der Nähe des Blattrandes

---

[1]) Abbildungen siehe bei **Moeller**.

Fig. 1. Walnuß, Teilblatt.

Fig. 4. Birkenblatt.

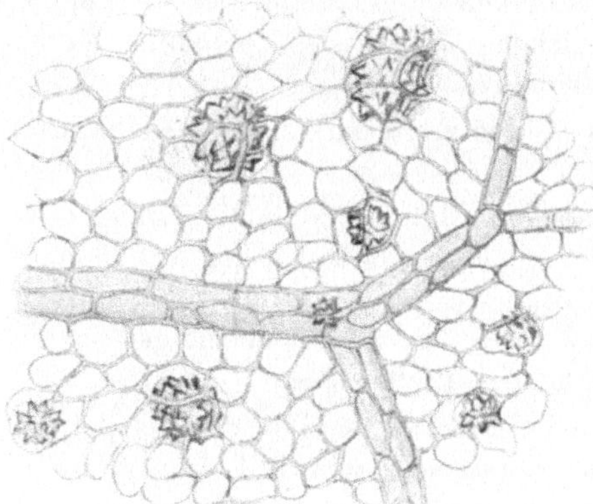

Fig. 2. Juglans regia L. Blattoberseite.
Oxalatdrusen im Mesophyll (1 : 150).

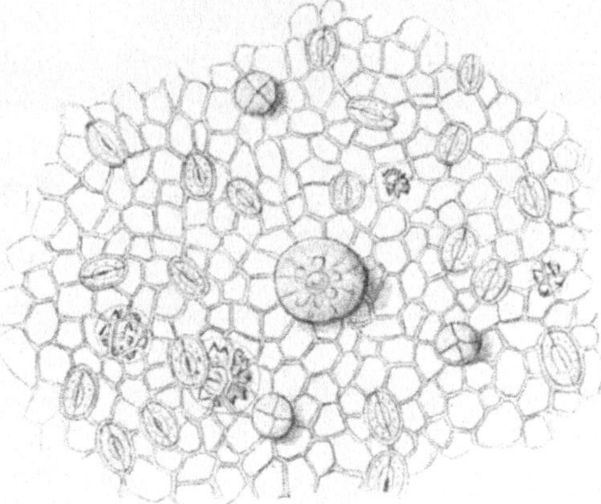

Fig. 3. Juglans regia L. Blattunterseite
mit 2 Formen von Drusen (1 : 150).

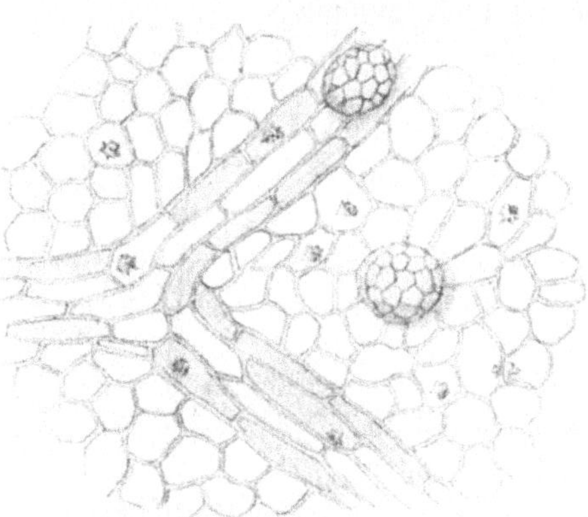

Fig. 5. Betula verrucosa Ehrh. Blattoberseite mit schildförmigen Drusen (1 : 150).

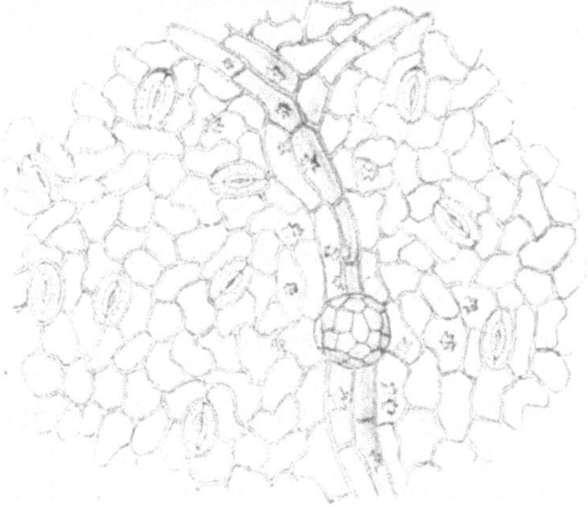

Fig. 6. Betula verrucosa Ehrh. Blattunterseite. Oxalatdrusen vorwieg. in Begleit. d. Nerven.
Auf dem Nerv eine schildförmige Drüsenschuppe.

Schlingen. Die Tertiärnerven stellen oft fast gerade, unter rechtem Winkel abzweigende Verbindungen zwischen den Seitennerven dar.

Die ziemlich kleinen Epidermiszellen sind beiderseits polygonal, ihre Wände dünn und fast gerade. Die Unterseite trägt zahlreiche, die Nachbarzellen oft an Größe übertreffende Spaltöffnungen. In den Nervenwinkeln der Unterseite finden sich starre, einzellige Haare mit etwas verbreiterter poröser Basis; ihre Wand ist gewöhnlich derb, die Spitze fast ohne Lumen. Von Drüsenhaaren kommen zwei Formen häufiger vor, nämlich Scheibendrüsen, die wie bei den Labiaten aus radial angeordneten Zellen bestehen und in kleinen Einsenkungen sitzen, sowie außerdem Drüsen mit einzelligem Stiel und kugeligem, vierteiligem Köpfchen.

Fig. 7. Ulmenblatt.

Vereinzelt finden sich auch solche mit mehrzelligem Stiel und ungeteiltem Köpfchen. Besonders auffallend ist der Reichtum des Mesophylls an Oxalatdrusen verschiedener Größe, von denen die kleinsten etwa 15 μ, die größten 50 μ und mehr messen. In den Nerven treten ferner besonders auf der Unterseite zahlreiche sehr kleine Drusen auf, die oft in langen Reihen angeordnet sind. Die im Mesophyll vorhandenen Oxalatdrusen liegen in großen rundlichen Zellen des gewöhnlich dreireihigen Palisadenparenchyms.

Birke (Betula verrucosa Ehrh. — Betulaceae) (Fig. 4, 5, 6).

Die gestielten Blätter sind rautenförmig, dreieckig bis eiförmig, lang zugespitzt, ungleich doppelt gesägt, am Grunde ganzrandig. Die unter spitzem Winkel abzweigenden Seitennerven endigen in die größeren Zähne des Blattrandes.

Die Epidermiszellen sind beiderseits polygonal, ihre Wände unterseits zum Teil etwas gebogen. Spaltöffnungen kommen nur auf der Unterseite vor. Deckhaare finden sich vereinzelt am Blattrand und auf den Nerven, namentlich unten; sie sind einzellig, dickwandig und englumig.

Bemerkenswert ist das Vorkommen von Drüsenschuppen, die vorwiegend auf den Nerven auftreten. Sie sind kurz gestielt und erscheinen in der Flächenansicht schildförmig, aus zahlreichen polygonalen Zellen zusammengesetzt. An jungen Blättern tragen die Randzähne ungestielte Drüsenzotten. Mittelgroße und kleine Oxalatdrusen sind ziemlich reichlich in Begleitung der Nerven zu finden, sehr vereinzelt im Mesophyll. Einzelkrystalle beobachtet man ebenfalls nicht selten im Nervenparenchym. Die Palisadenzellen sind einreihig, das Schwammparenchym ist lückenreich.

Die Blätter von Betula pubescens Ehrh. (Betula alba L.) unterscheiden sich hauptsächlich durch die stärkere Behaarung, die auch an ausgewachsenen Blättern, wenigstens auf den stärkeren Nerven und in deren Winkeln vorhanden ist. Die Haare sind zudem länger und besitzen einen angeschwollenen getüpfelten Fuß.

Ulme, Rüster (Ulmus campestris L. — Ulmaceae) (Fig. 7, 8, 9).

Die Blätter sind eiförmig zugespitzt, doppelt gesägt, am Grunde ungleich ausgebildet bis herzförmig geöhrt. Die von der Mittelrippe fiederförmig abzweigenden, etwa parallel verlaufenden Seitennerven endigen in die Hauptzähne, die unteren, nachdem sie sich in der Nähe des Blattrandes zuvor gabelförmig geteilt haben. Die Blätter fühlen sich meist beiderseits rauh an, von Haaren, die nach der Spitze des Blattes zu gerichtet sind. Auf der Unterseite kommen außerdem gewöhnlich in den Nervenwinkeln, zum Teil auch auf den Rippen längere Haare vor. Ähnlich ist die Behaarung bei Ulmus effusa Willd. und Ulmus montana With.

Die obere Epidermis besteht aus polygonalen Zellen mit geraden bis leicht buchtigen Seitenwänden und häufig verschleimter Innenwand. Die Cuticula ist oft gestreift. Unterseits wird die Epidermis aus kleineren und vorwiegend stärker gebuchteten Zellen gebildet; sie enthält ziemlich reichlich Spaltöffnungen, die nicht

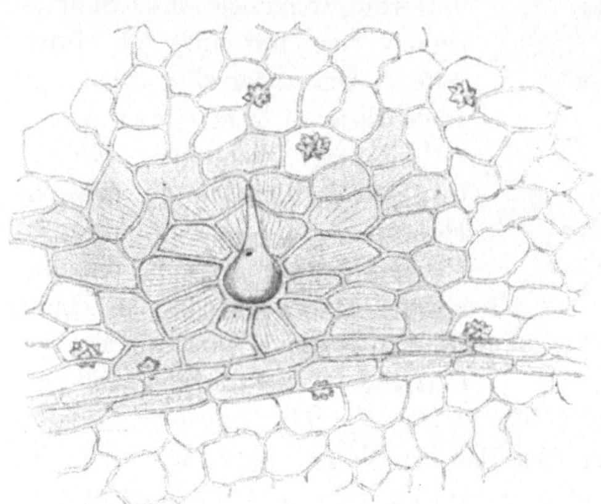

Fig. 8. Ulmus campestris L. Blattoberseite. Deckhaare einzellig, an der Basis erweitert; im Mesophyll Oxalatdrusen (1 : 150).

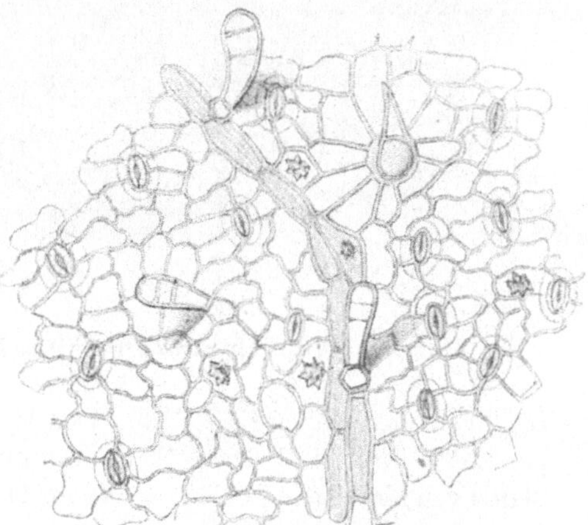

Fig. 9. Ulmus campestris L. Blattunterseite. Drüsenhaare keulenförmig; Deckhaare kurz, einzellig; im Mesophyll Oxalatdrusen (1 : 150).

selten beiderseits von 2—3 rechtwinklig zum Spalt gerichteten Zellen begrenzt werden. Auf beiden Blattflächen kommen in wechselnder Menge kurze, einzellige, gebogene oder gerade, borstenförmige Haare mit dicker verkieselter Wand vor, deren Spitze mit den Seitennerven etwa gleichgerichtet ist. Der Fuß der Haare ist bauchig erweitert und etwas in das Mesophyll eingesenkt, enthält aber keinen Cystolithen. Um diese Trichome sind die Epidermiszellen rosettenförmig angeordnet, sowie durch dickere Wände und deutlichere Cuticularstreifung ausgezeichnet. Die in den Nerven·winkeln auf der Unterseite vorkommenden Haare sind ebenfalls einzellig, derb- bis dickwandig aber viel länger und nicht so starr (zuweilen hin und her gebogen). Auf der Unterseite beobachtet man außerdem noch kurze drei- bis vierzellige, keulenförmige Drüsenhaare. Das Mesophyll enthält ziemlich reichlich Oxalatdrusen, die sowohl im ein- bis zweireihigen Palisadenparenchym, als auch im lockeren Schwammparenchym auftreten. Häufig kommen sie auch längs der Nerven vor.

Maulbeere (Morus alba L. — Moraceae)[1]).

Die Blätter sind herzförmig eirund, oder schief herzförmig, zuweilen gelappt, am Rande ungleich gesägt. Die Sekundärnerven und deren Hauptseitenäste führen in die größeren Randzähne. Behaarung ist meist nur unterseits auf den Nerven erkennbar.

Die Epidermiszellen sind beiderseits polygonal, unterseits auffallend klein, ihre Wände fast gerade. Auf beiden Seiten kommen reichlich vergrößerte Epidermiszellen vor, die Cystolithen enthalten und von gewöhnlichen Oberhautzellen rosettenförmig umgeben sind. Stomata finden sich nur auf der Unterseite. Die Oberseite trägt vereinzelte ziemlich dickwandige, einzellige, etwa hakenförmig gebogene und am Grunde erweiterte Haare. Auf der Unterseite der Nerven beobachtet man daneben noch längere, fast gerade Haare und außerdem Drüsenhaare mit einzelligem Stiel und mehrzelligem

Fig. 10. Blatt der schwarzen Johannisbeere.

kugeligem bis ovalen Köpfchen. Das Mesophyll führt kleine Oxalatdrusen, die vorwiegend längs der feinen Nerven auftreten. Der Bau des Blattes ist zentrisch.—Die Blätter von Morus nigra L. sind denen von Morus alba sehr ähnlich, aber unterseits weichhaarig.

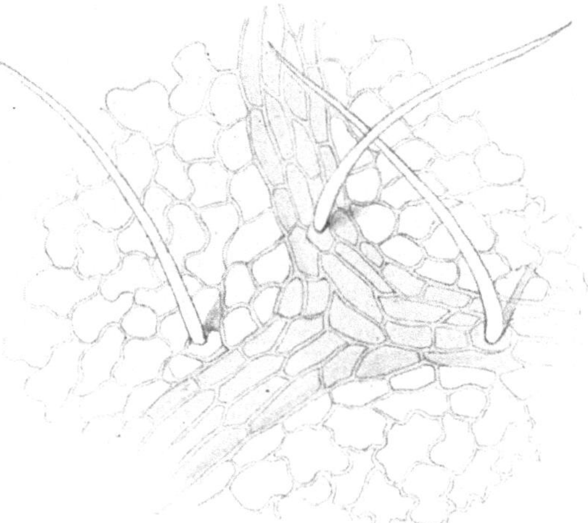

Fig. 11. Ribes nigrum L. Blattoberseite (1:150).

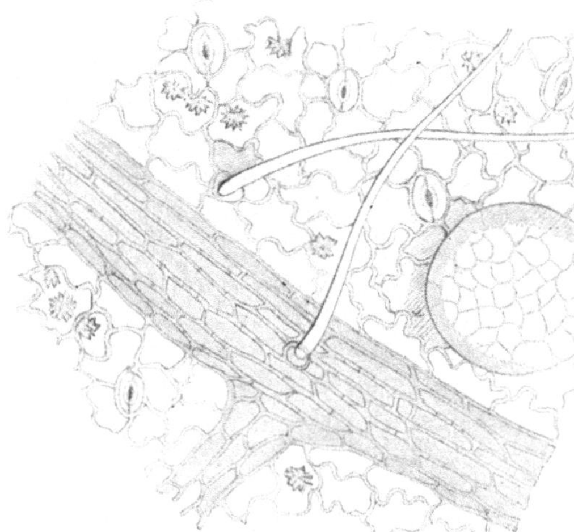

Fig. 12. Ribes nigrum L. Blattunterseite. R(eine Öldrüse. Oxalatdrusen im Mesophyll (1:15

[1]) Abbildung siehe bei Moeller.

Schwarze Johannisbeere (Ribes nigrum L. — Saxifragaceae) (Fig. 10, 11, 12).

Die langgestielten Blätter sind tief drei- bis fünflappig, am Grunde herzförmig, doppelt gesägt gezähnt. Bis auf die schwach behaarten Rippen sind sie fast kahl, auf der Unterseite durch gelbe Drüsen punktiert. An der Basis des Blattes entspringen drei Hauptrippen, die in drei Hauptlappen führen. Die beiden seitlichen Hauptrippen entsenden in der Nähe der Basis ihrerseits starke Nebenrippen nach den kleinen unteren Blattabschnitten. Im übrigen endigen die Sekundärnerven in die größeren Randzähne.

Die Epidermiszellen sind beiderseits wellig, auf der Unterseite tiefer gebuchtet. Oberseits besitzen sie oft getüpfelte Wände, unten nur über den Nerven, wo sie durch gestreckte Form und fast gerade Wände auffallen. Spaltöffnungen kommen nur auf der Unterseite vor. Trichome finden sich in zwei verschiedenen Formen, nämlich spärliche meist einzellige, häufig gebogene Deckhaare mit derber Wand und körnig rauher Oberfläche, die vorwiegend unterseits auf den Nerven auftreten, und große gelbe, kurzgestielte Öldrüsen, denen die Unterseite ihr punktiertes Aussehen verdankt. Die letzteren sind in der Fläche scheibenförmig, im Querschnitt linsenförmig und messen in der Breite etwa 160—240 μ. Im Bau ähneln sie den Hopfendrüsen. Ihr unterer Teil besteht aus zahlreichen polygonalen Zellen, deren gemeinsame Cuticula im frischen Zustand durch das Sekret abgehoben und emporgewölbt ist. Das Mesophyll enthält reichlich mittelgroße Oxalatdrusen. Das Palisadenparenchym ist einreihig.

Sumpfspierstaude (Spiraea ulmaria L. — Rosaceae)[1].

Die Blätter sind unterbrochen gefiedert, die Fiederblättchen länglich eiförmig, doppelt gesägt, das Endblättchen 3—5-lappig. Die Seitennerven endigen in größere Randzähne, zum Teil anastomosieren sie vorher in einiger Entfernung vom Rand.

Die Epidermiszellen der Oberseite besitzen nur wenig gebogene, oft getüpfelte Wände, unterseits sind sie buchtig. Stomata sind nur unterseits vorhanden. Die Deckhaare sind einzellig, auf der Oberseite derbwandig, etwa dolchförmig, oft etwas gekrümmt. Unterseits finden sich ebensolche, aber meist kleinere Trichome. Namentlich auf den Nerven kommen unterseits außerdem noch ziemlich reichlich peitschenförmig hin und her gebogene Haare vor. Drüsenhaare sind meist recht selten. Sie besitzen einen ein- bis mehrzelligen Stiel und ein vielzelliges Köpfchen. Drüsenzotten, die Moeller erwähnt, konnte ich — ebenso wie Netolitzky — nicht auffinden. Das Mesophyll enthält reichlich große Oxalatdrusen, weniger zahlreich finden sie sich in den größeren Nerven. Die Palisadenzellen sind meist zweireihig.

Fig. 13. Weißdornblatt.

Weißdorn (Crataegus oxyacantha L. — Rosaceae) (Fig. 13, 14, 15).

Die Blätter sind verkehrt eiförmig dreilappig, die Lappen stumpf und meist kleingesägt. Die Seitennerven sind aufwärts geneigt, etwas konvergierend.

---

[1] Abbildung siehe bei Moeller.

Die Epidermiszellen sind beiderseits polygonal, ziemlich zartwandig, unterseits zeigen sie flachbuchtige Wände mit oft deutlicher Cuticularstreifung. Die Unterseite

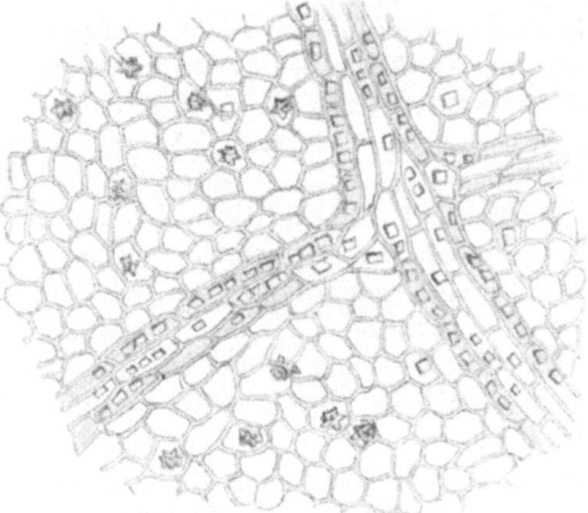

Fig. 14. Crataegus oxyacantha L. Blattoberseite. Oxalatdrusen im Mesophyll. Einzelkrystalle in den Nerven (1 : 150).

Fig. 15. Crataegus oxyacantha L. Blattunterseite. Nerven mit zahlreichen Einzelkrystallen in Kammerfasern (1 : 150).

trägt zahlreiche, die benachbarten Zellen gewöhnlich an Größe übertreffende Spaltöffnungen. Haare werden nur vereinzelt beobachtet. Sie sind dickwandig und kommen fast nur auf den Nerven vor. Namentlich die dickeren Nerven werden fast immer von Krystallkammerfasern begleitet, die ziemlich große Einzelkrystalle führen. Das Mesophyll enthält außerdem zahlreiche Oxalatdrusen. Die Palisadenzellen sind meist zweireihig, das Schwammparenchym vielreihig.

Die Blätter von Crataegus monogyna Jacqu. sind ebenso gebaut und unterscheiden sich nur durch die Form. Sie sind tief drei- bis fünfspaltig, die Lappen zugespitzt und ungleich gesägt. Die Blattbasis ist oft keilförmig in den Blattstiel verschmälert. Die in die unteren Lappen gehenden Seitennerven sind nach auswärts gebogen.

Eberesche (Sorbus [Pirus] aucuparia L. — Rosaceae)[1]).

Die Blätter sind unpaarig gefiedert, die Teilblättchen elliptisch, zugespitzt, am Rande scharf gesägt, in der Jugend behaart, im Alter fast kahl. Die von der Mittelrippe fiederförmig abzweigenden Seitennerven gehen bis in die Blattzähne.

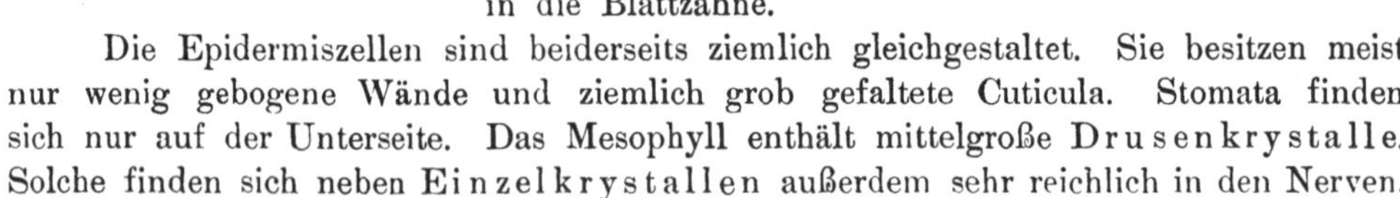

Fig. 16. Himbeerteilblatt.

Die Epidermiszellen sind beiderseits ziemlich gleichgestaltet. Sie besitzen meist nur wenig gebogene Wände und ziemlich grob gefaltete Cuticula. Stomata finden sich nur auf der Unterseite. Das Mesophyll enthält mittelgroße Drusenkrystalle. Solche finden sich neben Einzelkrystallen außerdem sehr reichlich in den Nerven.

---

[1]) Abbildung siehe bei Moeller.

Die Unterseite trägt namentlich in der Nähe der Mittelrippe lange einzellige, hin und her gebogene Haare mit dicker Wand und abgerundeter Basis.

Himbeere (Rubus idaeus. — Rosaceae) (Fig. 16, 17, 18).

Die drei- bis fünfzähligen Blätter bestehen aus zugespitzten, etwa eiförmigen Teilblättchen, die am Rand ungleich scharf gesägt, unterseits weißfilzig und auf der Oberseite schwach behaart sind. Blattstiel und unterer Teil der Hauptrippe tragen oft vereinzelte kleine Stacheln (Lupe). Die von der Mittelrippe fiederförmig abzweigenden Seitennerven endigen in die Spitze eines Randzahnes und entsenden zuvor einen oder mehrere starke Äste in benachbarte tiefer liegende Zähne.

Die Epidermiszellen sind beiderseits polygonal und besitzen nur wenig gebogene Wände. Die Unterseite trägt zahlreiche Spaltöffnungen, die ebenso wie die Epidermis-

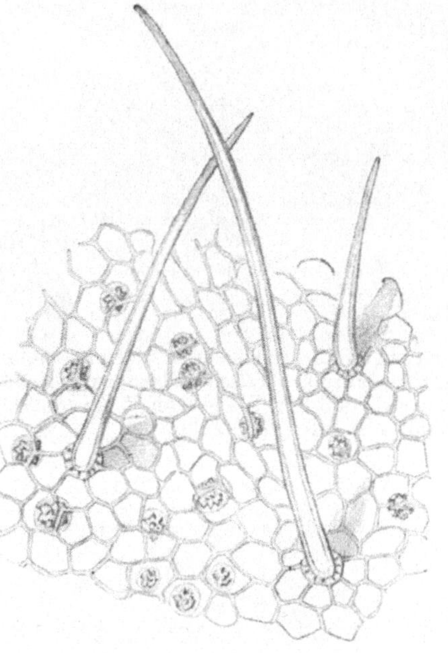

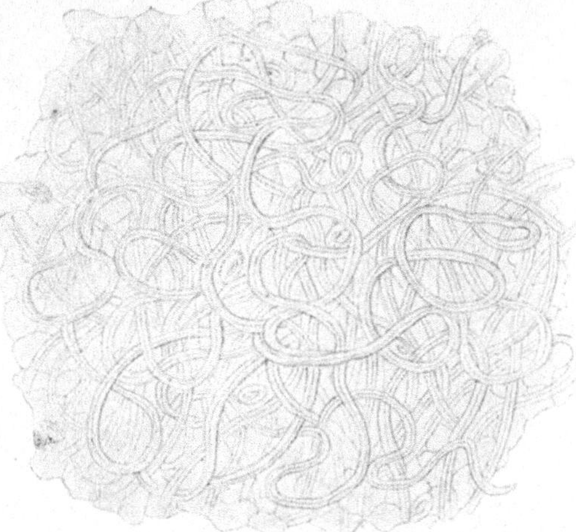

Fig. 17. Rubus idaeus L. Blattoberseite. Mit einzelligen, am Fuße getüpfelten Haaren; im Mesophyll Oxalatdrusen (1 : 150).

Fig. 18. Rubus idaeus L. Blattunterseite. Mit dichtem Haarfilz aus einzelligen Haaren (1 : 150).

zellen erst nach Entfernung des dichten weißen Filzes sichtbar werden. Letzterer besteht aus einzelligen, vielfach hin und her gebogenen und miteinander verflochtenen peitschenförmigen Haaren. Die Oberseite trägt namentlich auf den Nerven starre spitze Haare, die über der getüpfelten Basis umgebogen sind und daher der Blattfläche anliegen. Ihre Wand ist im oberen Teil oft bis zum Schwinden des Lumens verdickt[1]. Die außerdem vorkommenden Drüsenhaare mit zweizellreihigem Stiel und vielzelligem Köpfchen treten nur wenig hervor. Das Mesophyll enthält zahlreiche ziemlich große Oxalatdrusen. Sie liegen im Palisadenparenchym meist nahe der Epidermis in größeren rundlichen Zellen. Die Palisaden sind schmal, ein- bis zweireihig; das Schwammparenchym wird aus 3—4 Lagen rundlicher Zellen gebildet.

---

[1] Bei stärkerer Vergrößerung lassen die Haare zwei sich kreuzende Liniensysteme erkennen.

Brombeere (Rubus-Arten — Rosaceae) (Fig. 19, 20, 21, 22, 22a).

Die meist drei- bis fünfzähligen Blätter sind etwa eiförmig, beiderseits behaart und am Rande scharf und ungleichmäßig gesägt. Blattstiel und Mittelrippe tragen

Fig. 19. Brombeer-teilblatt.

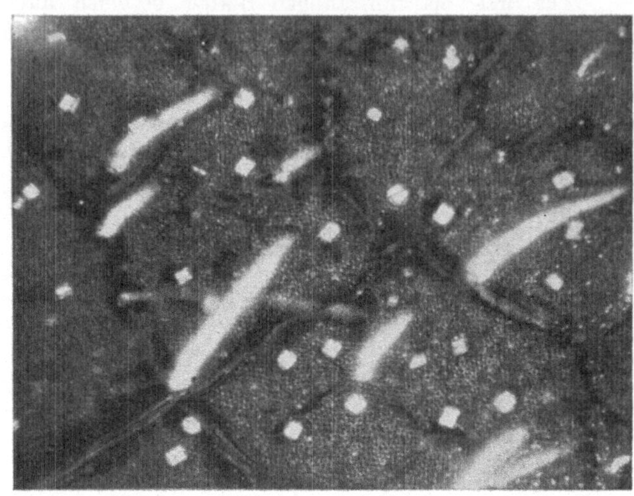

Fig. 20. Rubus caesius L. Gebleichtes Blatt im polarisierten Licht, die großen Einzelkrystalle im Mesophyll zeigend. Borstenhaare infolge sehr starker Wandverdickung zwischen gekreuzten Nikols ebenfalls vollständig hell (1 : 80).

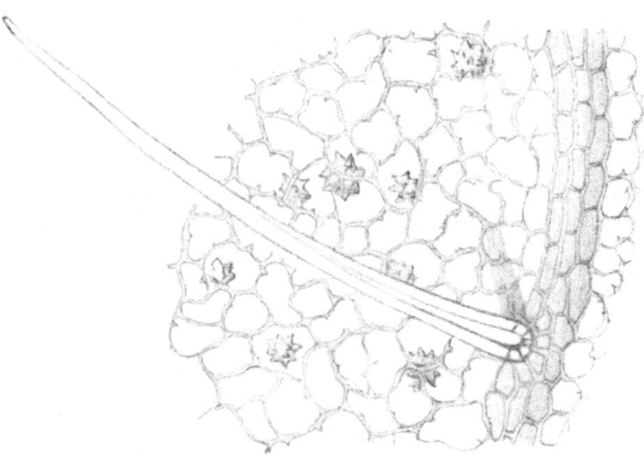

Fig. 21. Rubus, Brombeere. Blattoberseite. Auf dem Nerv ein Borstenhaar; im Mesophyll Oxalatdrusen (1 : 150).

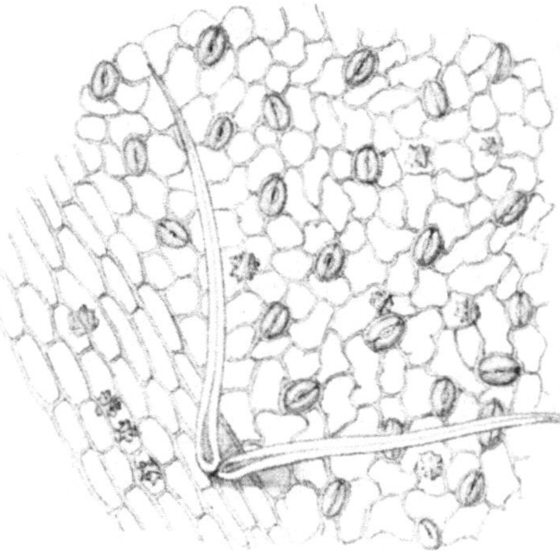

Fig. 22. Rubus, Brombeere. Blattunterseite mit zahlreichen, etwas erhöhten Spaltöffnung Auf dem Nerv ein zweistrahliges Haar. (Die große Borstenhaare sind nicht dargestellt) (1 : 150)

auf der Unterseite fast stets einzelne Stacheln. Die Nervatur ist der der vorigen Art sehr ähnlich. Die Tertiärnerven bilden zwischen den Seitennerven gebogene, zum Teil fast gerade Verbindungen.

Die Epidermiszellen besitzen beiderseits leicht wellig gebogene, mitunter fast gerade Wände, die zuweilen reich getüpfelt sind. Auf der Unterseite finden sich zahlreiche, meist etwas erhöhte Spaltöffnungen. Recht kennzeichnend ist die Behaarung. Beiderseits kommen große dickwandige, einzellige Borstenhaare[1]) vor, die einen getüpfelten Fuß besitzen und oft nur im unteren Teil ein Lumen erkennen lassen. Ihre Wand ist durch zwei sich kreuzende Liniensysteme gestreift[2]). Bei den meisten Arten kommen außerdem auf der Unterseite in verschiedener Menge kleinere, im übrigen ähnlich gebaute Haare vor, die zu zweien bis vieren zusammen· stehen und sternförmige Büschelhaare mit zurückgebogenen, der Blattspreite

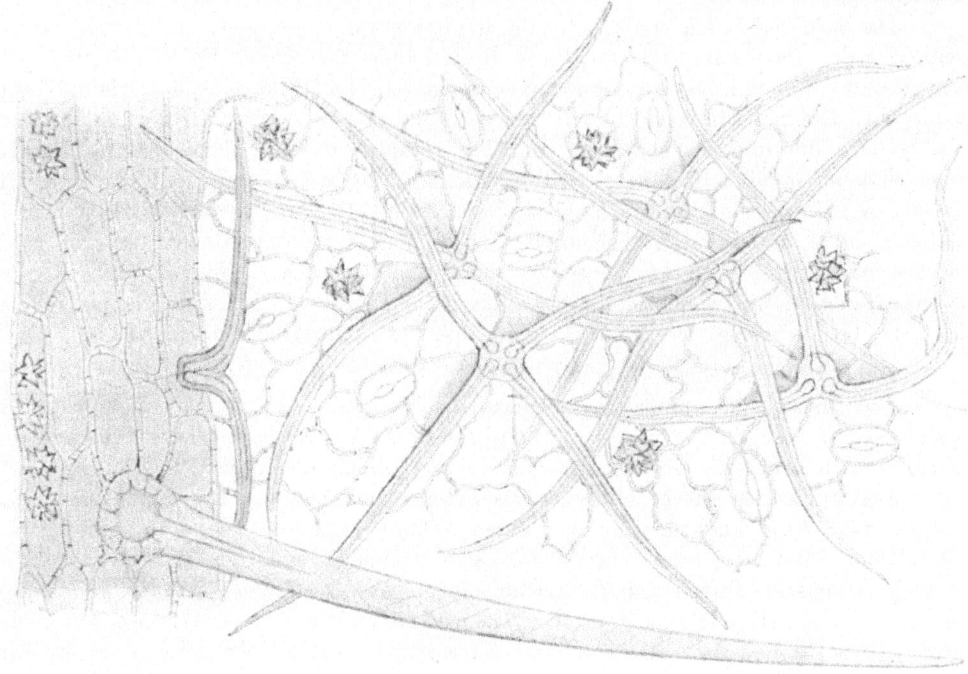

Fig. 22a. Blattunterseite einer sternhaarigen Rubus-Art. Auf dem Nerv ein Borstenhaar und ein zweiarmiges Haar; Oxalatdrusen im Mesophyll und Nervenparenchym (1 : 360).

mehr oder weniger anliegenden Strahlen bilden (Fig. 22a). Die Blätter von Rubus tomentosus und verwandten Arten tragen beiderseits Sternhaare, die auf der Unterseite so dicht stehen, daß die Epidermiszellen meist nicht sichtbar sind.

Neben den auffälligen Deckhaaren treten die Drüsenhaare nur wenig hervor. Sie besitzen einen oft gekrümmten, ein- bis zweizellreihigen Stiel und ein mehrteiliges, bei manchen Arten vielteiliges Köpfchen. Sie finden sich vorwiegend auf der Unterseite der Nerven.

Das Mesokarp enthält bei den meisten Rubus-Arten Oxalatdrusen, die zum Teil recht groß sind und im Palisadenparenchym in größeren, runden Zellen liegen.

---

[1]) Vorwiegend auf den Nerven.
[2]) Die gleiche Struktur findet man z. B. bei Corylus und Alnus.

Zuweilen treten sie fast nur längs der Nerven auf. Kleinere Drusen kommen im Nervenparenchym bei allen Arten vor. Durch große Einzelkrystalle im Mesophyll sind die Blätter von Rubus caesius L. vorzüglich gekennzeichnet (Fig. 20). Beobachtet man Einzelkrystalle neben Drusen im Mesophyll — erstere treten gewöhnlich sehr zurück, — so läßt dies auf Caesius-Bastarde schließen [1]).

Erdbeere (Fragaria vesca L. — Rosaceae) [2]).

Die Blätter sind dreizählig, die Teilblättchen etwa eiförmig, am Rande grob gesägt und wenigstens auf der Unterseite zottig behaart. Die fiederförmig angeordneten Seitennerven laufen fast parallel und endigen in die etwa in gleicher Zahl vorhandenen Randzähne.

Die Epidermiszellen sind polygonal, die Seitenwände getüpfelt, fast gerade, unterseits zuweilen flachwellig gebogen. Die Innenwände der oberen Epidermiszellen sind verschleimt. Stomata finden sich nur unterseits. Die Unterseite des Blattes trägt zahlreiche, die Oberseite vereinzelte lange, dickwandige, einzellige Deckhaare. Sie besitzen nur in der Nähe der verdickten getüpfelten Basis ein erweitertes Lumen und sind meist über dem basalen Teil fast rechtwinkelig umgebogen, sodaß sie der Blattfläche anliegen. Daneben finden sich Drüsenhaare mit ein- bis dreizelligem Stiel und einzelligem Köpfchen. Längs der Nerven beobachtet man zahlreiche Drusenkrystalle, zuweilen auch Einzelkrystalle. Unabhängig von den Nerven kommen nur vereinzelte Drusen im Mesophyll vor. Das Palisadenparenchym ist zwei- bis dreireihig, locker, das großlückige Schwammparenchym dreireihig.

Rose (Rosa-Arten — Rosaceae) [2]).

Die Blätter sind unpaarig gefiedert, die Teilblättchen eiförmig zugespitzt, am Rande scharf gesägt. Die von der Mittelrippe fiederförmig abzweigenden Seitennerven teilen sich in der Nähe des Randes gabelig und bilden undeutliche Schlingen.

Die Epidermis besteht oberseits aus polygonalen, fast geradwandigen, unterseits oft aus flachwellig buchtigen Zellen, deren Wände häufig getüpfelt und knotig verdickt sind. Die Innenwand der oberseitigen Epidermiszellen ist meist verschleimt. Auf der Unterseite finden sich zahlreiche, die umgebenden Epidermiszellen gewöhnlich an Größe übertreffende Stomata. Die Randzähne endigen in eine Drüsenzotte, die aber oft abgefallen ist. Oxalatdrusen kommen längs der Nerven neben Einzelkrystallen reichlich vor, im Mesophyll oft nur vereinzelt. Die Palisadenzellen sind schlank, zweireihig; das Schwammparenchym ist dicht.

Die Blumenblätter der Rose enthalten kein Oxalat. Ihre Epidermiszellen sind oberseits geradwandig und zu feingestreiften, kegelförmigen Papillen ausgezogen. Unterseits findet man buchtige Epidermiszellen, deren Seitenwände kleine, in das Lumen hineinragende Fortsätze erkennen lassen.

Schlehe (Prunus spinosa L. — Rosaceae) [2]).

Die Blätter sind elliptisch, bis verkehrt eiförmig, am Rande gesägt, im Alter kahl. Die von der Mittelrippe abzweigenden Sekundärnerven bilden in einiger Entfernung vom Rande Schlingen.

Die Epidermiszellen sind polygonal, ihre Wände gerade oder wenig gebogen, oberseits sehr derb. Die Unterseite trägt zahlreiche Spaltöffnungen, deren Schließ-

---

[1]) Vergl. Netolitzky, Drusenkrystalle, 115.
[2]) Abbildung siehe bei Moeller.

zellen mitunter gehörnt sind. Haare fehlen an älteren Blättern fast vollständig. Krystalle finden sich vorwiegend l ä n g s d e r N e r v e n und zwar D r u s e n - u n d E i n z e l k r y s t a l l e gemischt. Die stärkeren Nerven sind namentlich unterseits dicht mit K r y s t a l l k a m m e r f a s e r n bedeckt. Unter den sehr hohen Epidermiszellen der Oberseite liegen zwei Reihen schlanker Palisadenzellen, auf die ein drei- bis vierreihiges, aus kurzen Zellen gebildetes Schwammparenchym folgt.

S a u e r k i r s c h e und S ü ß k i r s c h e siehe unter B.

Stechpalme (Ilex aquifolium L. — Aquifoliaceae) (Fig. 23).

Fig. 23. S t e c h p a l m e n - b l a t t.

Die Blätter sind eiförmig, zugespitzt, derb lederartig, kahl, oberseits glänzend, am Rande wellig und entfernt dornig gezähnt, bei älteren Pflanzen mehr oder weniger ganzrandig. Die von der Mittelrippe fiederförmig abzweigenden Seitennerven gabeln sich in der Nähe des Randes und entsenden einen Hauptast in die Spitze des Randzahnes, während der andere Teil mit einem Zweig des Nachbarnerven eine Schlinge bildet.

Die Epidermis besteht aus polygonalen, oberseits leicht wellig gebogenen, unterseits fast geradwandigen Zellen. Stomata finden sich nur auf der Unterseite. Sie über-

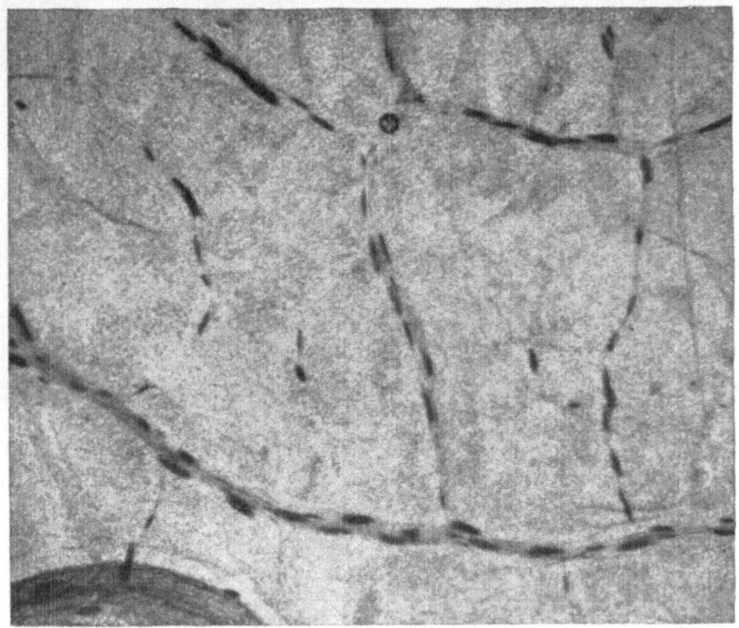

Fig. 24. E p i l o b i u m a n g u s t i f o l i u m L. Blatt mit Raphiden im Zuge der Nerven (gebleichtes Präparat) (1 : 60).

treffen die umgebenden Epidermiszellen wesentlich an Größe. Die Cuticula ist auf beiden Seiten mächtig entwickelt. Auf der Oberseite erkennt man ein ein- bis zweireihiges **Hypoderm**, dessen Zellen oft größer sind als die der Epidermis und mitunter poröse Seitenwände besitzen. Die Palisadenschicht besteht aus 3—4 Reihen niedriger Zellen. Das mächtige Schwammparenchym ist reich durchlüftet, die Zellwände sind nicht selten getüpfelt. Mittelgroße **Oxalatdrusen** kommen an der Grenze von Palisaden- und Schwammparenchym vor, aber nicht sehr zahlreich.

Weidenröschen (Epilobium angustifolium L. — Onagraceae) (Fig. 24) [1]).

Die Blätter sind länglich lanzettlich, ganzrandig oder schwach entfernt gezähnt. Die von der Mittelrippe fast rechtwinkelig abzweigenden Sekundärnerven bilden in der Nähe des Randes flachbogige Schlingen.

Die Epidermiszellen sind oberseits polygonal, ihre Seitenwände zum Teil gewellt, unterseits wellig buchtig. Stomata finden sich nur auf der Unterseite. Haare fehlen an älteren Blättern meist vollständig. Außerordentlich charakteristisch sind die im Blatt vorhandenen **Raphidenbündel, die genau den Nerven folgen** und dadurch den Nervenverlauf leicht kenntlich machen.

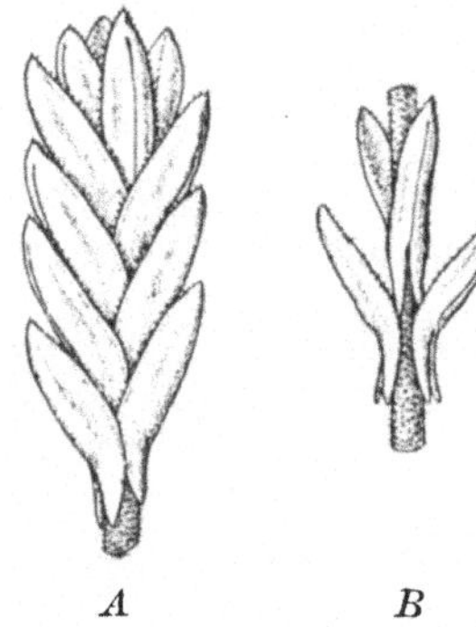

Fig. 25. **Calluna vulgaris** Salisbury.
A Zweigende (1:16). *B* Zweigbruchstück,
die spieß- oder pfeilförmige Anheftung
der Blättchen zeigend (1 : 10).

Fig. 26. Preißelbeerblatt.

Die Blätter von Epilobium hirsutum L. tragen einzellige, lange spitze und kürzere keulenförmige Haare. Die Raphidenbündel finden sich zerstreut im Mesophyll.

Heidekraut (Calluna vulgaris Salisb. — Ericaceae) (Fig. 25).

Die kleinen, drei- bis vierkantigen Blättchen (bis 3 mm lang) sind gegenständig, oder vierzeilig-dachziegelig angeordnet und am Grunde pfeilförmig angeheftet. Hieran, sowie an den allerdings nicht immer vorhandenen kleinen roten Blütchen ist die Heide in Teegemengen leicht kenntlich. Auf der Rückenseite sind die Blättchen mit einer von einzelligen Haaren ausgekleideten Fuge versehen, in der reichlich Spaltöffnungen vorkommen. Der Blattrand trägt kurze kegelförmige, einzellige Haare. Drusenkrystalle finden sich besonders im Blattgrunde.

Eibisch (Althaea) siehe unter B.

Preißelbeere (Vaccinium Vitis Idaea L. — Ericaceae) (Fig. 26, 27, 28, 29).

Die etwa 2 cm langen, eiförmigen Blätter besitzen lederige Beschaffenheit, glänzende Oberseite und matte, dunkel oder rostfarben punktierte Unterseite. Am Rande sind sie etwas zurückgerollt und mit sehr kleinen entfernt stehenden Zähnchen

---

[1]) Weitere Abbildungen siehe bei **Moeller**.

Fig. 27. **Vaccinium vitis Idaea L.** Unterseite des Blattes mit der durch
Drüsenzotten hervorgerufenen Punktierung (1:8).

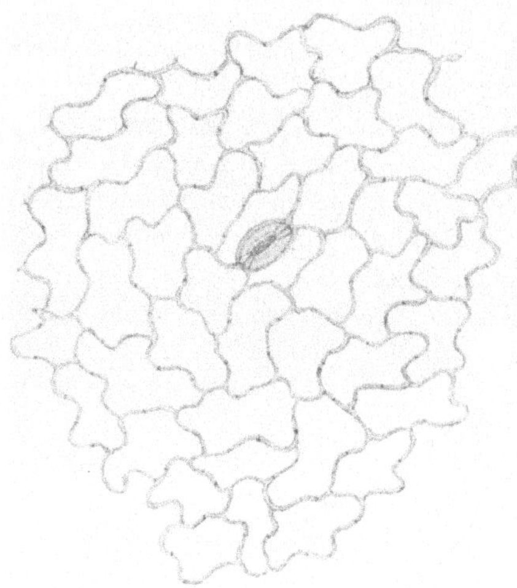

Fig. 28. **Vaccinium vitis Idaea L.**
Blattoberseite (1:150).

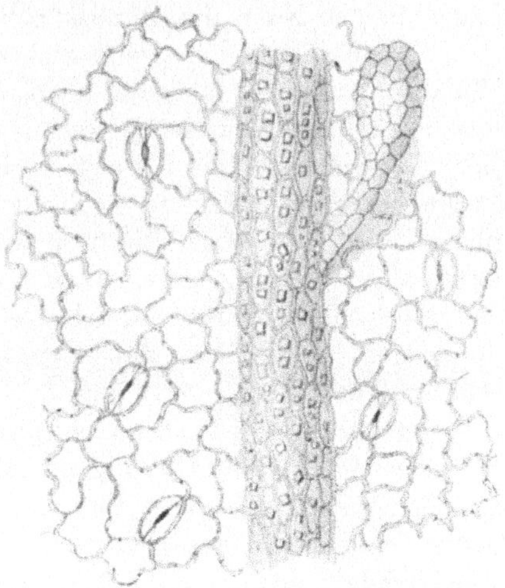

Fig. 29. **Vaccinium vitis Idaea L.** Blattunterseite. Auf dem Nerv eine Drüsenzotte; der Nerv von zahlreichen Einzelkrystallen bedeckt (1:150).

besetzt. Junge Blätter tragen auf diesen Zähnchen Drüsenzotten, bei älteren finden
sich nur noch Reste davon. Der kurze Blattstiel ist fein behaart. Die Mittelrippe
endet meist in eine kleine knopfige Verdickung, die an der Blattspitze in einer deut-

lichen Einkerbung liegt und namentlich unterseits hervortritt. Die Seitennerven bilden in einiger Entfernung vom Rand Schlingen.

Die Epidermiszellen besitzen getüpfelte Seitenwände, die oberseits gerade oder gebogen, unterseits stärker gebuchtet sind. Die obere Cuticula ist mächtig entwickelt und erreicht in der Dicke oft die Höhe des Zellumens. Spaltöffnungen finden sich oben vereinzelt, unten reichlich. Sie sind von zwei, zuweilen auch drei mit dem Spalt gleichgerichteten Nebenzellen umgeben. Hinzu kommt gewöhnlich an jedem Pol noch eine normal ausgebildete Epidermiszelle. Die auf der Blattunterseite mit der Lupe sichtbare dunkle, strichartige Punktierung wird durch Drüsenzotten hervorgerufen. Diese besitzen einen schlanken, zweizellreihigen Stiel, der allmählich in das vielzellige keulenförmige Ende übergeht. Ebensolche Gebilde finden sich auch an den entferntstehenden feinen Randzähnen. An jungen Blättern sind die Drüsenzotten farblos, an alten dunkelbraun gefärbt. Deckhaare kommen nur spärlich auf den Nerven vor. Sie sind kurz einzellig, ihre Oberfläche körnig rauh. Etwas länger werden sie am Blattstiel. Oxalatdrusen sind im Mesophyll selten, in jungen Blättern findet man zuweilen überhaupt keine auf; dagegen beobachtet man auf der Unterseite der Nerven zahlreiche rhomboedrische Einzelkrystalle. Das Palisadenparenchym ist gewöhnlich dreireihig, das Schwammparenchym vielreihig und meist stark durchlüftet. Bemerkenswert ist noch das starke Bastfaserbündel, das am Blattrand unter der Epidermis liegt.

Moosbeere (Vaccinium oxycoccus L. — Ericaceae) (Fig. 30, 31, 32).

Die kleinen Blättchen sind eiförmig oder eilänglich, ganzrandig, am Rande umgerollt, auf der Oberseite glänzend und dunkelgrün, auf der Unterseite matt und graugrün. Die Seitennerven zweigen von der Mittelrippe etwa rechtwinkelig ab und bilden in der Nähe des Randes Schlingen.

Die Epidermiszellen sind kleinwellig buchtig, die der Oberseite besitzen feinporöse Wände. Auf der Unterseite beobachtet man zahlreiche Spaltöffnungen, die von zwei mit dem Spalt gleichgerichteten Nebenzellen umgeben sind. Am Blattrand finden sich vereinzelte kleine Zähnchen, die in der Jugend vielzellige Drüsenzotten tragen. Haare kommen nur in der Nähe des Blattgrundes am Rande in vereinzelten Exemplaren vor, an älteren Blättern fehlen sie oft vollständig. Sie sind einzellig, gekrümmt, derbwandig und besitzen eine körnigrauhe Oberfläche. Oxalat kommt nur in Form von rhomboedrischen Einzelkrystallen vor, die den Nerven auf der Unterseite aufgelagert sind. Das Palisadenparenchym ist zweireihig, das Schwammparenchym sehr großlückig.

Heidelbeere (Vaccinium Myrtillus L. — Ericaceae)[1].

Die Blätter sind eiförmig, am Rande fein gesägt. Jeder Zahn trägt eine gestielte, etwa keulenförmige Drüse. Die von der Mittelrippe fiederförmig abzweigenden Seitennerven treten nur wenig hervor und anastomosieren schon in ziemlicher Entfernung vom Rande.

Die Epidermiszellen sind beiderseits wellig buchtig, ihre Cuticula auf der Oberseite fein gestreift, in der Nähe der Nerven auch unterseits. Stomata kommen auf der Oberseite einzeln, auf der Unterseite reichlich vor. Sie sind von zwei zum Spalt parallelen Nebenzellen und an den Polen von je einer normalen Epidermiszelle eingeschlossen. Auf der Hauptrippe finden sich vereinzelt kurze, einzellige, zum Teil sichelförmig gekrümmte Haare mit warziger Oberfläche; außerdem hin und wieder

---

[1] Abbildung siehe bei Moeller.

keulenförmige Drüsenzotten mit zweizellreihigem Stiel, wie sie auf den Zähnen des Blattrandes und vereinzelt auch auf der Unterseite der Nebenrippen vorkommen. Krystalle fehlen im Mesophyll fast vollständig. Längs der Nerven beobachtet man namentlich auf der Unterseite zahlreiche Einzelkrystalle in Form von Krystallkammerfasern.

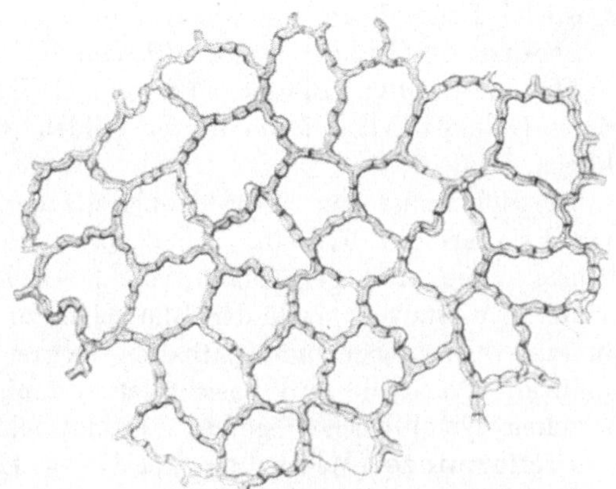

Fig. 31. Vaccinium oxycoccus L. Blattoberseite. Epidermiszellen mit getüpfelten Wänden (1 : 200).

Fig. 30. Zweigstück der Moosbeere.

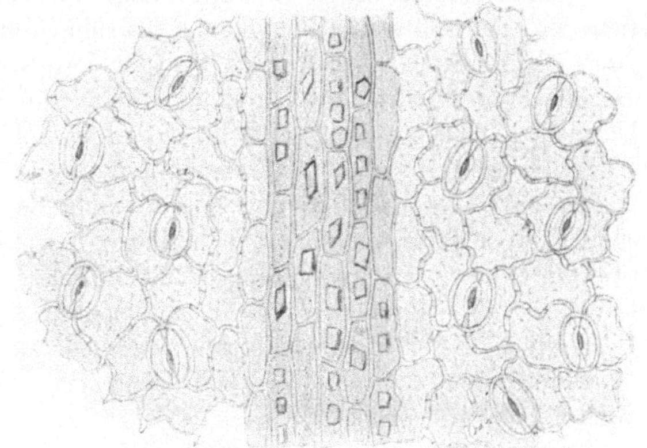

Fig. 32. Vaccinium oxycoccus L. Blattunterseite. Im Nerv Einzelkrystalle in Kammerfasern (1 : 200).

Esche (Fraxinus excelsior L. — Oleaceae) [1]).

Die Blätter sind unpaarig gefiedert und bestehen aus lanzettlichen zugespitzten, am Rande ziemlich entfernt gesägten Einzelblättchen, die nur unterseits auf der Mittelrippe Behaarung erkennen lassen. Die fiederförmig abzweigenden Seitennerven laufen fast bis zum Rande und bilden dann große Schlingen.

Die Epidermiszellen besitzen beiderseits mehr oder weniger gebogene, bis wellig buchtige Wände und unterseits gestreifte Cuticula. Die Unterseite enthält zahlreiche

---

[1]) Abbildung siehe bei Moeller.

ziemlich große Spaltöffnungen, deren Schließzellen nicht selten gehörnt sind. Oxalatkrystalle fehlen dem Eschenblatt vollständig. Deckhaare finden sich nur auf der Unterseite und zwar auf und in der Nähe der Mittelrippe, sowie im unteren Teil der Seitennerven. Sie sind dünnwandig, mehrzellig, oft gebogen, ihre Oberfläche ist meist feingestrichelt. Die Unterseite trägt außerdem — vereinzelt auch die Oberseite — kurzgestielte Drüsenhaare mit scheibenförmigem vielzelligem Köpfchen.

Steinsame (Lithospermum officinale L. — Boragineae)[1].

Die ungestielten Blätter sind schmal lanzettlich, ganzrandig, beiderseits rauhhaarig. Die spärlichen Seitennerven bilden in der Nähe des Randes sehr flache Schlingen.

Die Epidermiszellen besitzen oberseits derbe, nur wenig gebogene Wände, unterseits sind sie zarter, z. T. wellig gebuchtet. Stomata kommen beiderseits vor, unterseits zahlreicher. Sie sind gewöhnlich von 3—4 Zellen umgeben. Charakteristisch sind die einzelligen, starren, nach der Blattspitze zu gerichteten Borstenhaare. Sie besitzen grobwarzige Oberfläche und enthalten im retortenförmig erweiterten Fußteil einen Cystolithen. Auch die ihre Basis rosettenförmig umgebenden Epidermiszellen führen nicht selten cystolithische Gebilde. Oxalat fehlt.

Pfefferminze (Mentha piperita L. — Labiatae)[2].

Die Blätter sind eilanzettlich, scharf gesägt, kahl oder sehr vereinzelt behaart. Die Seitennerven laufen bogenförmig nach außen und bilden in der Nähe des Randes undeutliche Schlingen.

Die Epidermiszellen besitzen wellig buchtige Seitenwände. Spaltöffnungen finden sich auf der Oberseite in geringer Anzahl, unterseits reichlich. Sie sind meist von zwei quer zum Spalt gerichteten Epidermiszellen eingeschlossen (Labiatentypus). Deckhaare und Drüsenhaare kommen in je zwei verschiedenen Formen vor. Beiderseits beobachtet man kurze, kegelförmige einzellige Haare mit feinkörniger Oberfläche und sehr vereinzelt mehrzellige Haare mit fein gestrichelter Cuticula. Von drüsigen Elementen sind die für dieLabiaten charakteristischen Drüsenschuppen, ferner kleine Köpfchenhaare beiderseits vorhanden. Erstere bestehen aus einem sehr kurzen, einzelligen Stiel und einer aus radial angeordneten Zellen gebildeten Scheibe. Die gemeinsame Cuticula dieser Zellen ist durch das Sekret abgehoben und emporgewölbt. Um die Basalzellen dieser in flachen Vertiefungen stehenden Drüsen gruppieren sich die Epidermiszellen rosettenförmig. Die Köpfchenhaare besitzen einen kurzen, ein- bis zweizelligen Stiel und ein rundes, ein- bis zweizelliges Köpfchen. Die Palisadenschicht ist einreihig, das Schwammparenchym ziemlich locker.

Die Blätter der K r a u s e m i n z e (Mentha crispa) sind von denen der Pfefferminze anatomisch kaum zu unterscheiden. Ausgezeichnet sind sie durch die krause Blattspreite.

Salbei (Salvia officinalis L. — Labiatae)[1].

Die in der Jugend beiderseits filzig behaarten Blätter sind länglich, meist zugespitzt, zuweilen gelappt, am Rande fein gekerbt. Die Blattspreite ist zwischen den Maschen des Nervennetzes nach oben gewölbt. Die Seitennerven laufen fast bis zum Rande ohne Schlingen zu bilden.

---

[1] Abbildung siehe bei M o e l l e r.

[2] Abbildungen finden sich in T s c h i r c h - O e s t e r l e, Anatomischer Atlas der Pharmakognosie und Nahrungsmittelkunde (Tafel 19); auch im Kommentar zum Deutschen Arzneibuch 5. Ausgabe.

Die Epidermiszellen der Oberseite besitzen fast gerade, ziemlich dicke Seitenwände, die der Unterseite sind dünnwandig und wellig gebogen. Spaltöffnungen mit der für die Labiaten typischen Anordnung der Nebenzellen finden sich beiderseits, desgleichen die verschiedenen Haarformen. Die Deckhaare sind lang und dünn, peitschenförmig, ziemlich dickwandig und englumig, aus 1—5 Zellen gebildet. Sie stehen oft so dicht, daß sie die Oberhaut filzartig bedecken. Von den drüsigen Gebilden beobachtet man die für die Labiaten charakteristischen Drüsenschuppen und kleine kopfige Drüsenhaare, die denen der Minze im wesentlichen gleichen, außerdem solche mit längerem, zwei- bis vierzelligem Stiel und ein- bis zweizelligem Köpfchen. Das Palisadenparenchym ist ein- bis zweireihig und geht allmählich in das lockere Schwammparenchym über.

Fig. 33. Waldmeisterblatt.

Waldmeister (Asperula odorata L. — Rubiaceae) (Fig. 33, 34, 35, 36, 37)

Die Blätter sind bis 3 cm lang und bis 1 cm breit, länglich lanzettlich, kurz zugespitzt, nach dem Grunde zu etwas verschmälert, ganzrandig, kahl. Von der

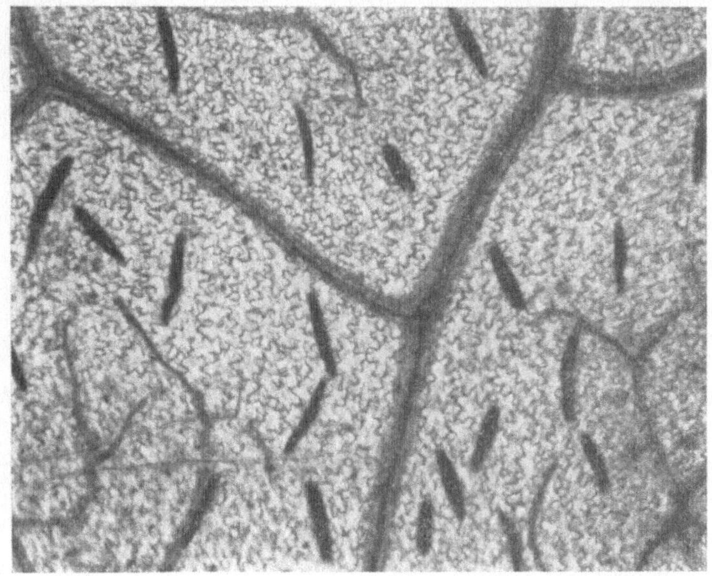

Fig. 34. Asperula odorata L. Blatt mit großen Raphidenbündeln im Mesophyll (gebleichtes Präparat) (1 : 60).

Mittelrippe zweigen bogenförmige Sekundärnerven ab, die in einiger Entfernung vom Rande Schlingen bilden.

Die Epidermiszellen sind beiderseits wellig buchtig, auf der Unterseite kleiner und oft tiefer gebuchtet. Spaltöffnungen kommen abgesehen von der Blattspitze nur auf der Unterseite vor. Sie besitzen zwei oder drei ziemlich kleine Nebenzellen, die **parallel zur Spalte** angeordnet sind. Für das Blatt charakteristisch sind außer

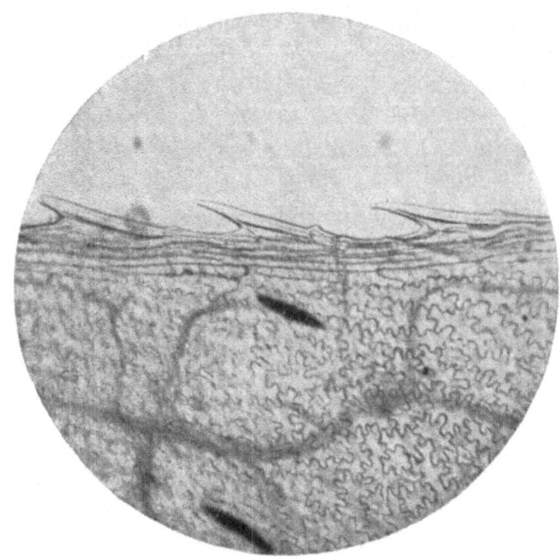

Fig. 35. **Asperula adorata L.** Blattrand mit starren verkieselten Haaren (gebleichtes Präparat) (1 : 50).

den Nebenzellen die zahlreichen parallel zur Blattfläche gestreckten Oxalatraphiden, die im Schwammparenchym liegen und zum Teil eine Länge von 400 μ erreichen. Meist messen sie zwischen 150 und 300 μ. Am Blattrand, einzeln auch auf der Unterseite der Mittelrippe finden sich kurze, starre, einzellige, dickwandige Haare, die aus breiter Basis entspringen und nach der Blattspitze gerichtet sind. Die Epidermiszellen besitzen dort am Rand ziemlich dicke und fast gerade Wände. Am Querschnitt des Blattes erkennt man eine Reihe kurzer Palisadenzellen und ein zwei- bis dreireihiges Schwammparenchym.

Holunder (Sambucus) siehe unter B.

Huflattich (Tussilago) siehe unter B.

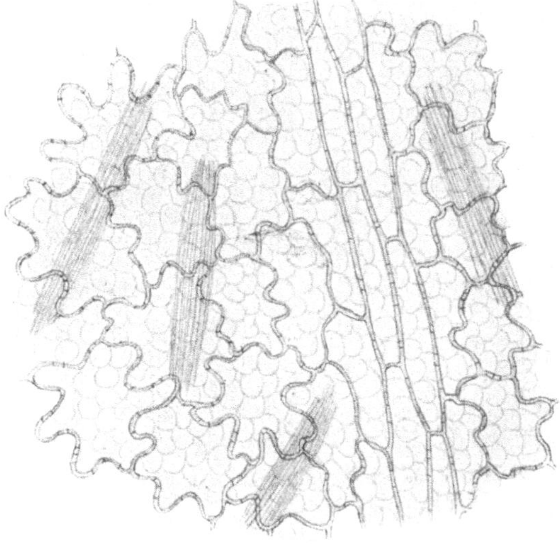

Fig. 36. **Asperula odorata L.** Blattoberseite. Große Raphiden im Mesophyll (1 : 200).

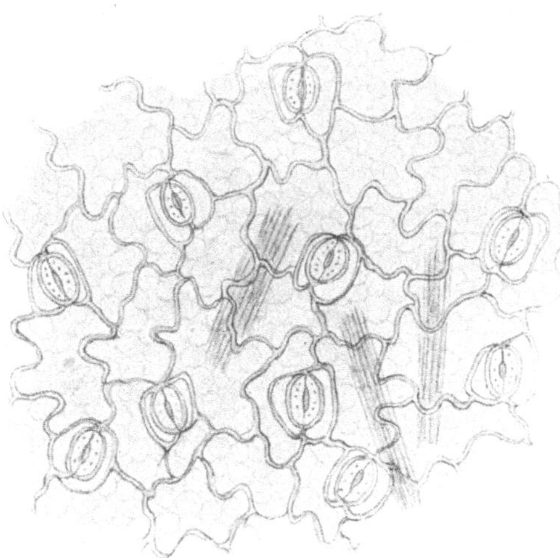

Fig. 37. **Asperula odorata L.** Blattunterseite Stomata mit charakteristischen Nebenzellen; Raphiden im Mesophyll (1 : 200).

B. Tabakersatz.

Neben den bisher zugelassenen Ersatzstoffen sind nachstehend auch die meisten der in der Literatur unter den Tabakverfälschungen genannten Blattarten behandelt worden, weil mit ihrem gelegentlichen Vorkommen ebenfalls gerechnet werden muß[1]). Aus Zweckmäßigkeitsgründen sei auch hier eine Beschreibung des echten Tabaks vorausgeschickt.

Tabak (Nicotiana tabacum L. und Nicotiana rustica L. — Solanaceae) (Fig. 38 und 38 a)[2]). — Die Blätter sind ganzrandig und beiderseits drüsig behaart. Die Sekundärnerven bilden in der Nähe des Randes Schlingen. Die beiden Blattseiten sind nur wenig voneinander verschieden, doch sind auf der Unterseite die Spaltöffnungen zahlreicher und die Epidermiszellen stärker gewellt. Ein charakteristisches Merkmal bilden die auf beiden Epidermen ziemlich reichlich vorhandenen, zuweilen im oberen Teil verzweigten Gliederhaare mit besonders großer Basalzelle. Ein Teil der Gliederhaare trägt ein längliches, mehrzelliges, oft zweizellreihiges Drüsenköpfchen, dessen Zellen

---

[1]) Da von einer Seite der kaum verständliche Vorschlag gemacht worden war, die Blätter der dem Tabak zwar verwandten, aber stark narkotisch wirkenden Solaneen-Arten (Stechapfel, Bilsenkraut, Tollkirsche) ebenfalls als Ersatzmittel zu verwenden, wobei auf die Asthmarauchkräuter Bezug genommen wurde, und da andererseits derartige Kräuter wiederholt irrtümlich zur Herstellung von Teegetränken benutzt worden sind und dadurch zu Erkrankungen Veranlassung gegeben haben, sollen die drei genannten Arten nachstehend ebenfalls kurz beschrieben werden. Sie enthalten sämtlich sehr giftige Alkaloide, die unter Akkomodationslähmung Mydriasis (Pupillenerweiterung) hervorrufen.

Abbildungen von Stramonium, Belladonna und Hyoscyamus finden sich z. B. im Kommentar zum Deutschen Arzneibuch 5. Ausgabe (Anselmino und Gilg).

Stechapfel (Datura Stramonium L.).

Epidermiszellen oberseits schwach, unterseits stärker gebuchtet. Stomata beiderseits vorhanden, jedoch unten häufiger, meist von 3—4 Zellen umgeben. Deckhaare nur vereinzelt, vorwiegend unterseits auf den Nerven, mehrzellig (meist dreizellig) oft etwas gebogen, dünnwandig mit gekörnter Cuticula. Drüsenhaare ebenfalls vorwiegend unterseits vorhanden mit gekrümmtem, einzelligem Stiel und mehrzelligem, etwa birnenförmigem Köpfchen. Unter der einreihigen Palisadenschicht eine Lage rundlicher Zellen mit je einer Oxalatdruse. Bei gebleichten Präparaten sieht man daher in der Fläche in den durch das Nervennetz gebildeten Maschen eine Oxalatdruse neben der anderen stehen (Fig. 39). Diese für Stramonium charakteristische Anordnung liefert im polarisierten Licht bei gekreuzten Nikols (Fig. 40) eine prächtige Erscheinung.

Bilsenkraut (Hyoscyamus niger L.)

Epidermiszellen beiderseits wellig buchtig. Stomata beiderseits, unterseits reichlicher, von 3—4 Zellen umgeben. Beiderseits zahlreiche, schlaffe, oft zusammengefallene, meist dreizellige Gliederhaare, die zum Teil ein 1—4-zelliges, eiförmiges Drüsenköpfchen tragen (ähnlich wie beim Tabak, aber ohne Oxalatdrusen in den Drüsenköpfchen). Die unmittelbar unter den einreihigen Palisaden liegende, aus rundlichen Zellen bestehende Schicht des Schwammparenchyms ist sehr reich an Oxalat. Die Zellen enthalten meist je einen prismatischen oder quadratischen Einzelkrystall, oder Zwillinge, oder eine gewöhnlich einfache Druse, selten Krystallsand.

Tollkirsche (Atropa belladonna L.)

Epidermiszellen wellig buchtig, mit deutlicher Cuticularstreifung. Stomata unterseits reichlicher als oberseits, meist von 3 Nebenzellen umgeben. Deckhaare mehrzellig, lang, leicht zusammenfallend, namentlich unterseits auf den Nerven vorkommend. Drüsenhaare in zwei Formen: 1. langer meist mehrzelliger oder kurzer Stiel mit einzelligem, rundem Köpfchen (Unterschied von Tabak), 2. kurzer Stiel mit zweizellreihigem, meist sechszelligem, kolbenförmigem Köpfchen. Bei älteren Blättern ist die Behaarung sehr spärlich. Palisadenzellen einreihig, im Schwammparenchym ziemlich große rundliche Krystallsandzellen.

[2]) Weitere Abbildungen siehe bei Moeller.

3*

gewöhnlich je eine kleine Oxalatdruse enthalten. Neben den Drüsenhaaren kommen als Kennzeichen für Tabak noch die im Schwammparenchym ziemlich reichlich vorhandenen Krystallsandzellen in Betracht. An gebleichten Blattstücken sieht man die Krystallsandzellen bei Betrachtung gegen einen dunklen Hintergrund unter der Lupe als weiße Punkte; gegen einen weißen Hintergrund erscheinen sie dunkel. In den dickeren Nerven, sowie den Blattrippen und Stengelstrünken finden sich mehr oder weniger lange Krystallsandschläuche. Calciumoxalat kommt im Mesophyll des Tabakblattes nur in Form von Krystallsand vor. (Blatteile, die Oxalatdrusen, Raphiden oder Einzelkrystalle enthalten, haben daher mit Tabak nichts zu tun.) Das Fehlen von Krystallsand kann bei echtem Tabak eine auf kleinere Stückchen beschränkte Zufälligkeit sein.

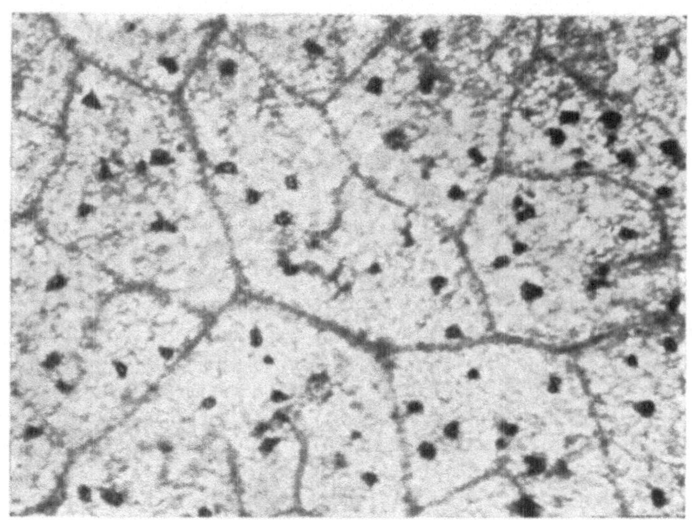

Fig. 38. Nicotiana tabacum L. Krystallsandzellen im Mesophyll
(gebleichtes Präparat) (1 : 60).

Krystallsandzellen kommen auch bei anderen Solanaceen (z. B. Kartoffel, Tomate, Tollkirsche) vor, doch sind bei diesen die Drüsenhaare in anderer Weise ausgebildet. Runkelrübe (Beta) und Holunder (Sambucus) enthalten gleichfalls Krystallsand, doch ist auch in diesen Fällen eine Verwechselung nicht möglich (vergl. bei den betreffenden Arten).

Ob mit verarbeitete Blattrippen dem Tabak angehören, ist an Querschnitten erkennbar. Die Gefäßbündel sind bikollateral und von Collenchym umgeben, die Gefäße radial angeordnet. Außerdem muß man Krystallsand und die oben erwähnten Gliederhaare auffinden, doch sind diese oft kollabiert, die Drüsenköpfe fast stets abgefallen. Teile von Tabakstrünken (Fig. 38a) lassen sich nach dem Aufweichen in Wasser ebenfalls durch solche Haare und die im dünnwandigen Rindenparenchym befindlichen, zum Teil schlauchförmig gestreckten Krystallsandzellen identifizieren. Der verhältnismäßig schmale Holzteil des Tabakstengels enthält neben einzelnen Spiralgefäßen zahlreiche Tracheiden, deren Wände dicht mit Hoftüpfeln besetzt sind. Die wenig verdickten Holzfasern weisen nur spärliche Tüpfel auf. Bemerkenswert sind

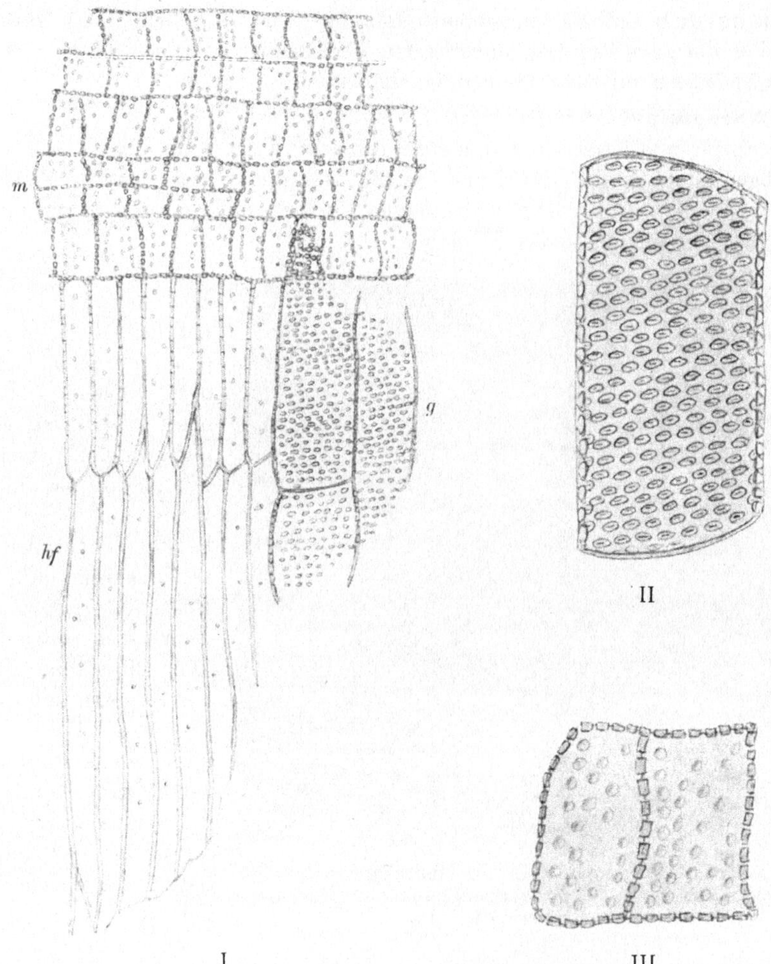

Fig. 38a. Holzelemente des Tabakstrunkes.
I. Radialer Längsschnitt durch den Holzteil (1 : 100). m Markstrahl, hf Holzfasern, g Gefäße.
II. Gefäßglied mit behöften Spaltentüpfeln (1 : 300). III. Isolierte Markstrahlzellen (1 : 300).

noch die zahlreichen ein- bis zweireihigen, bis zwanzig und mehr Zellen hohen Markstrahlen. Ihre Zellen besitzen verdickte, dicht mit rundlichen Tüpfeln besetzte Wände.
Das stark entwickelte Mark wird aus dünnwandigen isodiametrischen Zellen gebildet[1]).

[1]) Seit einiger Zeit befinden sich Erzeugnisse im Handel, die ausschließlich aus den
unteren völlig verholzten Teilen der Tabakstrünke durch entsprechende Zerkleine-
rung gewonnen sind. Diese Produkte haben mit Rauchtabak lediglich die braune Farbe ge-
meinsam; im übrigen besitzen sie den Charakter von klein geschnittenem Holz. Bei der
mikroskopischen Untersuchung findet man fast nur Holzelemente. Kennzeichnend sind
besonders die oben erwähnten Markstrahlzellen, die meist ausgesprochen im Sinne der
Sproßachse, also in der gleichen Richtung wie die Fasern gestreckt sind, während
die Markstrahlzellen für gewöhnlich in radialer Richtung die größte Ausdehnung besitzen.
Die Wände der weiten, in großer Menge vorhandenen Gefäße sind dicht mit behöften Spalten-

Tabakstaub enthält massenhaft (oft 50—70%) Sand. Das auffallendste Element sind die zum Teil fast unverletzten Drüsenhaare, sowie abgebrochene Drüsenköpfchen mit den kleinen Oxalatdrusen.

Schwarzpappel (Populus nigra L. — Salicaceae) (Fig. 41, 42).

Die jüngeren Blätter sind rautenförmig, die älteren im Umriß dreieckig, am Grunde abgerundet, kahl. Der Rand ist mit stumpfen, nach der Blattspitze zu gekrümmten Zähnen besetzt. Die Seitennerven sind etwas bogenförmig gekrümmt und bilden in der Nähe des Randes Schlingen.

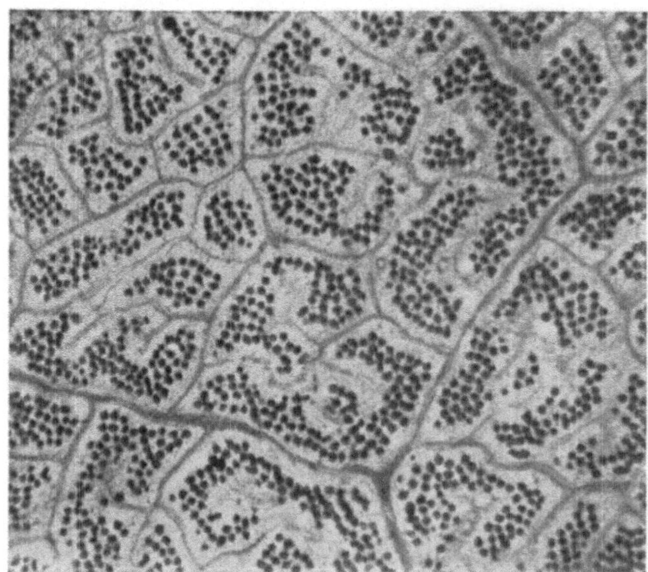

Fig. 39. **Datura Stramonium L.** Im Mesophyll zahlreiche Oxalatdrusen in den durch das Nervennetz gebildeten Maschen. (Gebleichtes Präparat) (1 : 60).

Die Epidermiszellen sind beiderseits polygonal, auf der Oberseite derbwandig. Stomata finden sich auf beiden Blattflächen, oben aber viel spärlicher als auf der Unterseite. Umgeben sind sie meist von 2 oder 3 zum Spalt parallelen Nebenzellen. Nicht selten werden außerdem die Pole von quer zum Spalt gestreckten Zellen begrenzt. Die Blattzähne tragen in der Jugend kappenförmige Drüsen mit Palisadenepidermis. Im Mesophyll beobachtet man ziemlich reichlich relativ kleine Oxalatdrusen. Die Nerven enthalten außerdem namentlich auf der Unterseite zahlreiche Einzelkrystalle.

Die Drusen liegen vorwiegend im Schwammparenchym, vereinzelt auch in der zweireihigen Palisadenschicht. Die unterste Lage des Schwammparenchyms ist als großlückiges Sternparenchym ausgebildet.

Bei der **Espe** (Populus tremula L.) sind die Blätter rundlich zugespitzt, ausgeschweift buchtig gezähnt (die den Langtrieben entstammenden breit, dreieckig zu-

---

tüpfeln besetzt. Teile des Markes, sowie Teile der Oberhaut mit Resten der Drüsenhaare treten im „Strunktabak" ganz zurück. Von Laub- oder Nadelholz unterscheiden sich die Tabakholzteilchen äußerlich durch größere Elastizität und geringere Festigkeit; sie lassen sich nämlich zwischen den Fingern ziemlich stark zusammendrücken und in radialer Richtung, also in der Richtung des Markstrahlenverlaufes schon mit dem Fingernagel leicht spalten. An den so entstandenen Spaltflächen reflektieren die Markstrahlen bei entsprechendem Auffall des Lichtes fast mit seidenartigem Glanz.

Neuerdings ist auch aus Strünken hergestellter Schnupftabak in den Handel gelangt. Er besitzt etwa das Aussehen von Sägemehl. Die Markstrahlzellen sind im groben Pulver aber weniger leicht erkennbar; es empfiehlt sich deshalb die Herstellung von Macerationspräparaten.

gespitzt mit seicht herzförmigem Grunde); im Alter kahl. Die Epidermiszellen sind beiderseits kleinwellig buchtig, ihre Wände oft knotig verdickt. Spaltöffnungen sind oberseits selten, unten reichlich vorhanden und wie bei voriger Art ausgebildet. Die Cuticula ist unterseits grob gefaltet. Die Streifung verläuft oft rechtwinklig zum Spalt der Stomata und bis an diesen heran. Oxalatdrusen sind im Mesophyll viel spärlicher vorhanden als bei P. nigra. Einzelkrystalle bedecken die Nerven in großer Anzahl.

Bei der Silberpappel (Populus alba L.) sind die Blätter länglichrund, buchtig grob gezähnt, bis fünflappig, oberseits dunkelgrün und kahl, unterseits weißfilzig behaart. Die Epidermiszellen sind oben fast gerade oder wenig gebuchtet, unten stärker. Stomata kommen nur auf der dicht behaarten Unterseite vor; in der Ausbildung entsprechen sie denen der vorigen Art. Die Cuticularstreifung ist etwas feiner. Die Haare sind dünnwandig und filzartig verschlungen. Das Mesophyll enthält wesentlich mehr Drusenkrystalle als bei der Espe,

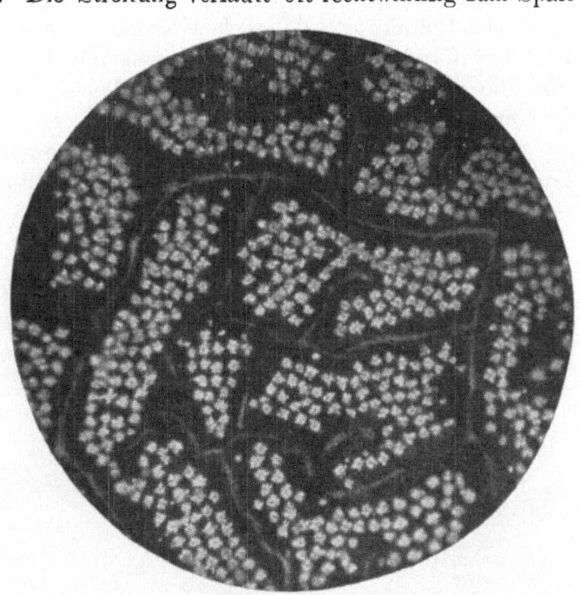

Fig. 40. Datura Stramonium L. Gebleichtes Blatt im polarisierten Licht, mit zahlreichen in gleicher Höhe stehenden Oxalatdrusen in den Maschen des Nervennetzes (1 : 80).

Fig. 41. Schwarzpappelblatt.

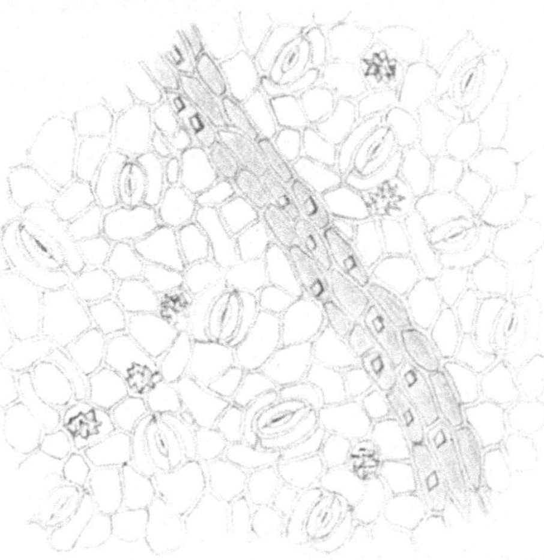

Fig. 42. Populus nigra L. Blattunterseite. Stomata mit charakteristischen Nebenzellen; im Mesophyll Oxalatdrusen; im Nerv Einzelkrystalle (1 : 150).

aber weniger als bei der Schwarzpappel. Einzelkrystalle in den Nerven sehr zahlreich.

Weide (Salix) und Walnuß (Juglans) siehe unter A.

Hainbuche, Weißbuche (Carpinus betulus L. — Betulaceae) (Fig. 43, 44, 45).

Die Blätter sind länglich eiförmig, zugespitzt, doppelt gesägt, scheinbar kahl. Die fiederförmig abzweigenden Seitennerven laufen unter sich parallel geradeaus bis zum Rand, in die größeren Zähne endigend. Zwischen den Sekundärnerven bilden die Nerven höherer Ordnung ein sehr feines, nur mit der Lupe sichtbares Maschenwerk.

Die Epidermiszellen besitzen beiderseits wellige Seitenwände; auf der Unterseite sind sie kleiner und tiefer gebuchtet. Dort finden sich reichlich Spaltöffnungen,

Fig. 43. Hainbuchen-
blatt.

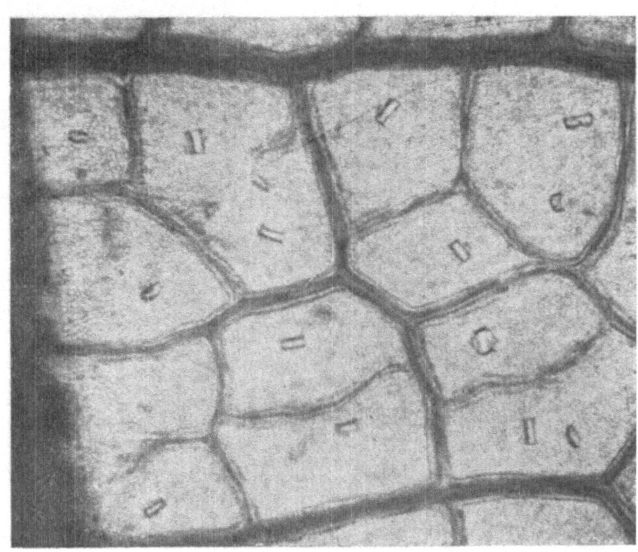

Fig. 44. Carpinus betulus L. Im Mesophyll des Blattes sind zahlreiche Einzelkrystalle aus Calciumoxalat erkennbar. (Gebleichtes Präparat) (1 : 80).

deren Schließzellen nicht selten kurze Hörnchen tragen. Die Behaarung ist an älteren Blättern auf die Unterseite beschränkt. Drüsenhaare sind meist nicht mehr auffindbar. Dagegen beobachtet man an Primär- und Sekundärnerven sehr lange, dickwandige, einzellige Deckhaare, die über der Basis gewöhnlich umgebogen sind, sodaß sie dem Nerv fast anliegen. In den Winkeln der Seitennerven sind sie wesentlich kürzer, dicht bärtig angeordnet und nicht umgebogen. Abgesehen vom oberen Teil ist außerdem die Mittelrippe von zahlreichen, rechtwinklig abstehenden, sehr kurzen stachelförmigen Trichomen bedeckt. Oxalatdrusen kommen im Mesophyll nicht vor, sondern nur in Haupt- und Seitennerven. Dagegen ist das Blatt durch große rhomboedrische Einzelkrystalle vorzüglich gekennzeichnet, die in der Flächenansicht meist kurzprismatisch erscheinen und in der Palisadenschicht in großen Zellen auftreten. Die letztere ist einreihig und besteht aus schlanken, das lockere Schwammparenchym zuweilen an Höhe übertreffenden Zellen.

Haselnuß (Corylus avellana L. — Betulaceae) (Fig 46, 47, 48).

Die Blätter sind rundlich eiförmig, zugespitzt, an der Basis herzförmig, der Rand ist ungleich gezähnt. In der Jugend sind sie beiderseits behaart, später nur unterseits auf den Nerven. Die fiederförmig abzweigenden, fast parallelen Seitennerven endigen in kleine, lappig vorspringende Abschnitte des gezähnten Randes. Zwischen den Sekundärnerven bilden die Tertiärnerven fast gerade Verbindungen.

Die Epidermiszellen sind oberseits meist gestreckt polygonal mit wenig gebogenen Wänden, unterseits wellig buchtig. Spaltöffnungen sind nur auf der Unterseite vorhanden. Die Deckhaare stehen vorwiegend auf den Nerven und besonders zahlreich auf der Unterseite. Sie sind einzellig, dickwandig und besitzen oft einen

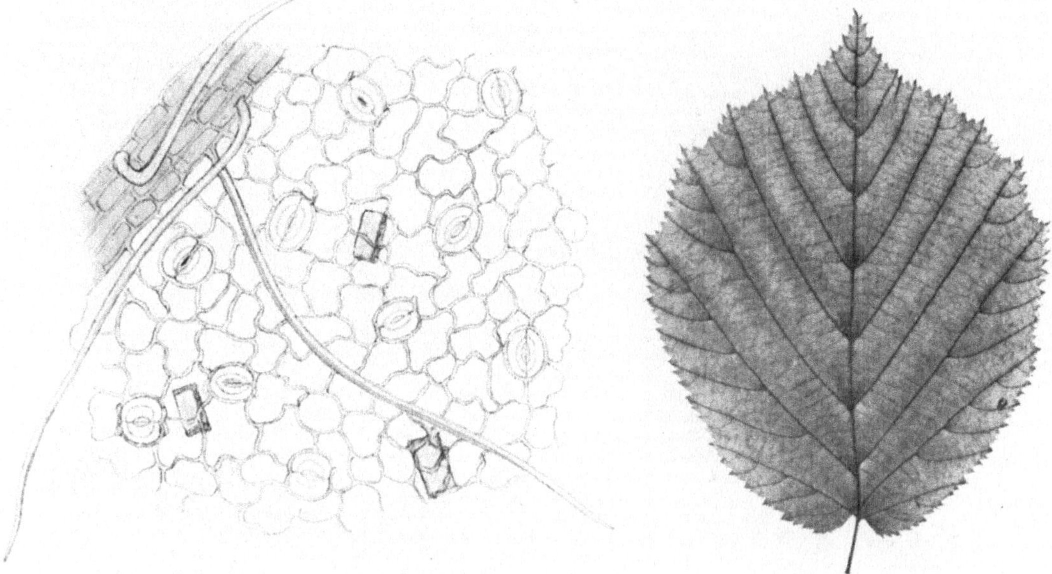

Fig. 45. Carpinus betulus L. Blattunterseite. Lange einzellige Deckhaare auf der Mittelrippe; im Mesophyll große Einzelkrystalle (1 : 150).

Fig. 46. Haselnußblatt.

getüpfelten Fuß. Im oberen Teil sind sie meist bis zum Schwinden des Lumens verdickt, nur im unteren Drittel ist dieses weit. Bei stärkerer Vergrößerung erscheint die Membran durch sich kreuzende Linien dicht gestreift. Drüsenhaare treten in zwei Formen auf. Vorwiegend auf den Nerven finden sich kleine, gedrungene, vielzellige, etwa walzenförmige Gebilde, die in der Seitenansicht zwei- bis dreizellreihig und durch parallele Scheidewände quergeteilt erscheinen; zuweilen besitzen sie ein deutlich abgesetztes Köpfchen. Auf dem Blattstiel und dem unteren Teil der Hauptrippe kommen außerdem einzelne Drüsenzotten (sogenannte Stieldrüsen) vor, die bereits mit unbewaffnetem Auge sichtbar sind und auf langem, mehrzellreihigem Stiel ein vielzelliges, abgeplattetes Köpfchen tragen. Das Mesophyll enthält große und kleinere in der zweireihigen Palisadenschicht liegende Oxalatdrusen; kleine kommen außerdem in Begleitung der Nerven vor. Das Schwammparenchym ist locker.

Birke (Betula) siehe unter A.

Erle (Alnus glutinosa Gärtn. — Betulaceae) (Fig. 49, 50).

Die Blätter sind rundlich, an der Spitze meist ausgerandet oder gestutzt, am Rande gekerbt gezähnt, an der Basis oft etwas keilförmig verschmälert und auf der Unterseite in den Nervenwinkeln bärtig behaart. Die fiederförmig abzweigenden Seitennerven endigen gewöhnlich in der Mitte der kerbigen Abschnitte in einen Randzahn. Zwischen den Seitennerven bilden die Nerven dritter Ordnung fast rechtwinklig abzweigende, oft nur wenig gebogene Verbindungen.

Die Epidermiszellen sind beiderseits polygonal, die der Oberseite besitzen gestreifte Cuticula. Spaltöffnungen finden sich nur auf der Unterseite und zwar sehr reichlich. Sie übertreffen oft die umgebenden Epidermiszellen an Größe. Die in den Nervenwinkeln vorkommenden Haare sind dünnwandig und bestehen aus einer Zell-

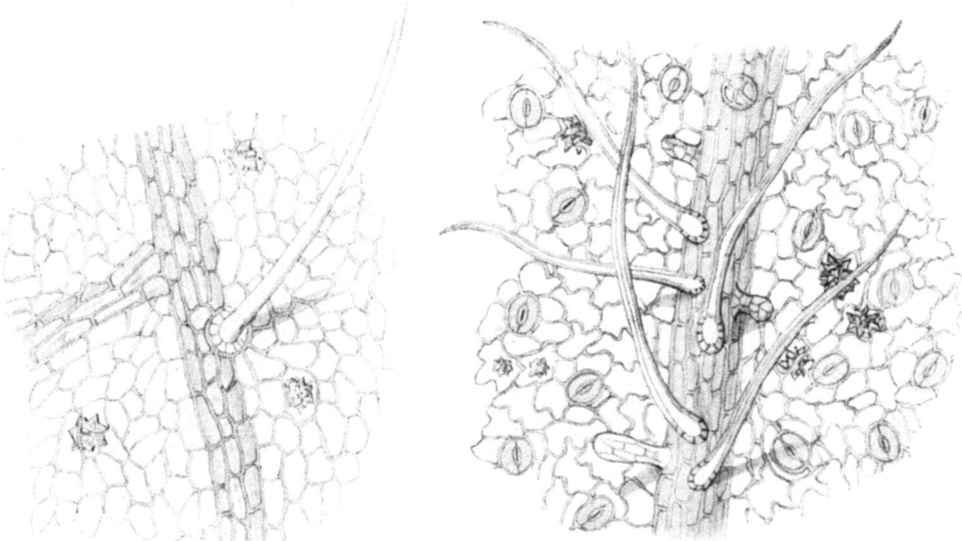

Fig. 47. Corylus avellana. Blattoberseite. Im Mesophyll Oxalatdrusen. (1 : 150).

Fig. 48. Corylus avellana L. Blattunterseite mit Deck- und Drüsenhaaren. Im Mesophyll Oxalatdrusen (1 : 150).

reihe. Drüsenschuppen beobachtet man namentlich auf der Unterseite der Nerven. Sie sind, wie bei der Birke, schildförmig und erscheinen in der Flächenansicht aus polygonalen Zellen zusammengesetzt. Oft ist die Drüse abgefallen, sodaß man nur noch die Narben bemerkt, die sich in der Flächenansicht als viergeteilter Kreis darstellen. Im Mesophyll sind reichlich mittelgroße Oxalatdrusen vorhanden. Das Palisadenparenchym ist zwei- bis dreireihig. Zwischen Epidermis und Palisadenzellen ist noch eine hypodermatische Schicht eingeschoben, deren Zellen die der Oberhaut an Größe meist übertreffen.

Die Blätter von Alnus incana D. C. sind eiförmig, kurz zugespitzt, am Rande doppelt gesägt. Auf der Unterseite sind sie gewöhnlich kurz weichhaarig, zuweilen aber fast kahl, in der Farbe bläulichgrau.

Die Epidermiszellen sind unterseits in deutliche Papillen vorgezogen. Die Deckhaare sind einzellig, schlank, oft gebogen; ihre Wand ist namentlich im

Fig. 49. Erlenblatt.

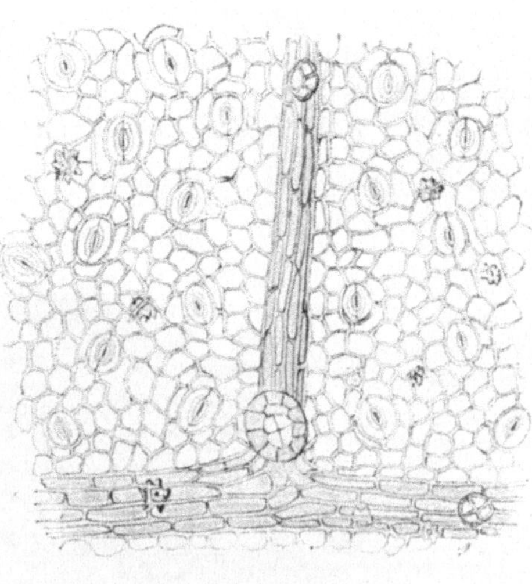

Fig. 50. **Alnus glutinosa Gärtn.** Blattunterseite mit schildförmigen Drüsenschuppen und deren Narben. Im Mesophyll Oxalatdrusen (1 : 150).

Fig. 51. Buchenblatt.

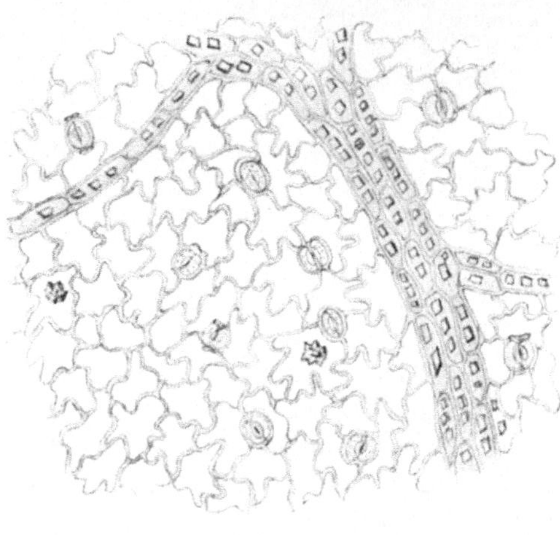

Fig. 52. **Fagus silvatica L.** Im Mesophyll Drusen, in den Nerven Einzelkrystalle (1 : 150).

oberen Teil oft bis zum Schwinden des Lumens verdickt. In den Nervenwinkeln beobachtet man vereinzelt auch mehrzellige Haare. Die Drüsenschuppen finden sich hauptsächlich unterseits. Oxalatdrusen wie bei voriger Art. Die Zellen des Hypoderms übertreffen die der Epidermis im allgemeinen nur wenig an Größe.

Buche (Fagus silvatica L. — Fagaceae) (Fig. 51, 52).

Die Blätter sind kurz gestielt, elliptisch bis eiförmig, schwach buchtig gezähnt und am Rande gewimpert. In der Jugend sind sie zottig seidenhaarig, später bleiben nur in den Aderwinkeln unterseits Haarbüschel zurück; auch die Hauptrippe trägt weiterhin Deckhaare. Von der Mittelrippe zweigen fiederförmig sehr starke, parallel laufende Nebenrippen ab, die scheinbar kurz vor den kleinen Randzähnen endigen, indem sie sich in feine Äste auflösen. Die Nerven höherer Ordnung treten bei Lupenvergrößerung nur wenig hervor.

Fig. 53. Edelkastanienblatt.

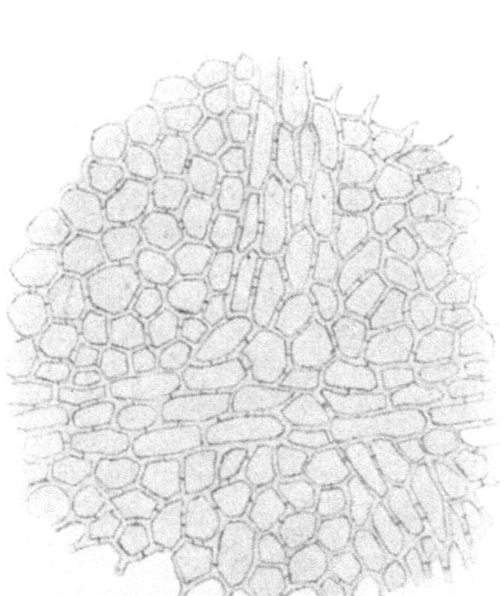

Fig. 54. Castanea vesca L. Blattoberseite (1 : 150).

Die Epidermiszellen sind ziemlich derbwandig, wellig gebuchtet. Spaltöffnungen finden sich nur auf der Unterseite; ihre Schließzellen tragen oft kleine hörnchenartige Anhänge an den Polen. Die Nerven dritter, zum Teil auch höherer Ordnung werden von zahlreichen Oxalateinzelkrystallen in Form von Krystallkammerfasern begleitet, die namentlich die dickeren Stränge in der Flächenansicht oft ganz bedecken. Das Mesophyll enthält außerdem Drusenkrystalle in größerer oder geringerer Menge. Die auch bei älteren Blättern unterseits auf Haupt- und Nebenrippen noch vorhandenen langen Haare sind einzellig, schmal und scharf zugespitzt. Sie biegen dicht über ihrer Basis fast rechtwinklig um und liegen daher der Blattfläche an. Zum Teil besitzen sie so dicke Wände, daß das Lumen nur noch strichförmig erkennbar ist; im unteren Teil ist dieses meist weiter und oft von braunem Inhalt erfüllt. Die Palisadenzellen sind gewöhnlich einreihig, das Schwammparenchym locker.

Edelkastanie (Castanea vesca Gärtn. — Fagaceae) (Fig. 53, 54, 55).

Die etwas lederigen, auf der Oberseite glänzenden Blätter sind länglich lanzettlich, zugespitzt, am Rande mit großen in eine lange Stachelspitze vorgezogenen Zähnen versehen. Von der Mittelrippe zweigen fiederförmig starke, parallele Seitenrippen ab und endigen in die in gleicher Anzahl vorhandenen Randzähne. Die feinere Nervatur tritt bei Lupenvergrößerung weniger hervor.

Die Epidermiszellen besitzen auf der Oberseite derbe, getüpfelte, unterseits dünnere, zuweilen gebogene Wände. Spaltöffnungen finden sich reichlich auf der Unterseite, ebenso dickwandige, starre, sternförmige Büschelhaare. Diese besitzen bis zu 8 einzellige Strahlen, die über dem Fuß gewöhnlich zurückgebogen sind und daher

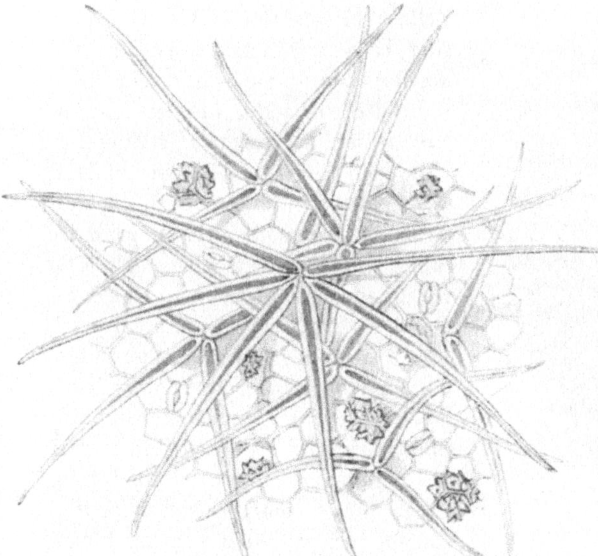

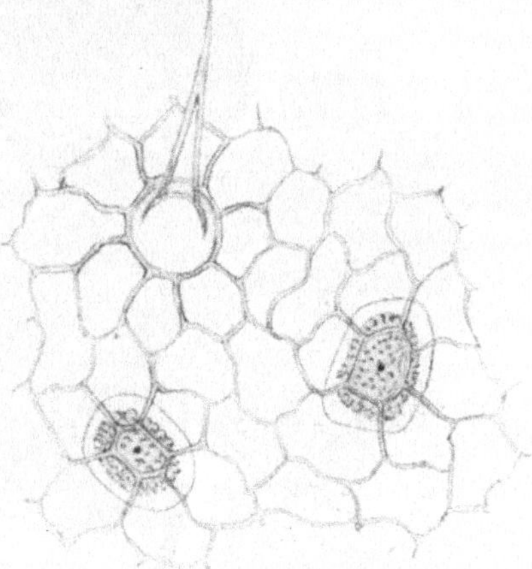

Fig. 55. Castanea vesca L. Blattunterseite mit zahlreichen Sternhaaren; im Mesophyll zahlreiche große und kleine Oxalatdrusen (1 : 150).

Fig. 55a. Brennessel. Blattoberseite mit Cystolithen und Deckhaar. (1 : 200).

der Blattfläche mehr oder weniger anliegen. Auch Einzelhaare kommen vor, oft mit getüpfelter Basis. Die zugleich vorhandenen kleinen Köpfchenhaare treten neben den auffallenden Büschelhaaren nur wenig hervor. Das Mesophyll enthält ziemlich zahlreiche Oxalatdrusen verschiedener Größe (20—60 μ). Auch in der Umgebung der Nerven treten solche auf. Das Palisadenparenchym ist meist zweireihig, das Schwammparenchym locker.

Eiche (Quercus pedunculata Ehrh.) [1]).

Die kahlen, buchtigen Blätter besitzen abgerundete Lappen, in die die Seitennerven auslaufen.

Die Epidermiszellen sind beiderseits polygonal geradwandig, Spaltöffnungen nur auf der Unterseite vorhanden. Haare finden sich nur an jungen Blättern. Sie sind 2—3-zellig und endigen in eine stumpfe, schlauchförmige Zelle. Die Nerven sind

---

[1]) Abbildung siehe bei Moeller.

namentlich auf der Unterseite dicht von Krystallkammerfasern bedeckt, die Einzelkrystalle enthalten. Das Mesophyll führt sehr zahlreiche Oxalatdrusen. Die Palisadenschicht ist ein- bis zweireihig. Die Blätter von Quercus sessiliflora Smith. zeigen den gleichen Bau.

Ulme (Ulmus) siehe unter A.

Brennessel (Urtica dioica — Urticaceae) (Fig. 55a).

Die Blätter sind eiförmig, zugespitzt, grobgesägt, mit borstenförmigen, meist gekrümmten Haaren besetzt.

Die Epidermiszellen besitzen oberseits meist wenig gebogene, unterseits wellig buchtige Wände. Spaltöffnungen kommen nur auf der Unterseite vor. Die für die Brennessel charakteristischen, in einen Zellsockel eingefügten Brennhaare sind bei getrocknetem Material meist abgebrochen. Sie sind sehr lang zugespitzt, einzellig und endigen in ein schief aufgesetztes verkieseltes Köpfchen; ihre Basis ist kolbenförmig erweitert. Recht auffällig sind auch die beiderseits mehr oder minder zahlreich und in verschiedener Größe vorhandenen, einzelligen, starren Deckhaare, die gewöhnlich nach der Blattspitze zu gerichtet sind. Aus breiter oft zwiebelförmiger Basis laufen sie in eine lange, scharfe Spitze aus. Die Epidermiszellen sind um den breiten Fußteil rosettenförmig angeordnet. Neben den Deckhaaren finden sich vereinzelt auch kleine Köpfchenhaare mit kurzem Stiel und 2—4-zelligem Köpfchen. Außerordentlich charakteristisch sind die in zahlreichen Epidermiszellen vorhandenen Cystolithen (Fig. 55a), die sich in der Flächenansicht als rundliche oder elliptische, körnig geschichtete Gebilde darstellen und aus Calciumcarbonat bestehen. Zwischen gekreuzten Nikols erscheinen die Cystolithen zum Teil hell. Oxalat fehlt meist vollständig; nach Netolitzky soll das Mesophyll Drusen enthalten.

Fig. 56. Hopfenblatt.

Hopfen (Humulus lupulus L. — Urticaceae) (Fig. 56, 57, 58).

Die Blätter sind 3—5-lappig, an der Basis herzförmig, am Rande grob gesägt. Ihre Oberseite fühlt sich sehr rauh an, wenn man nach dem Blattgrund zu streicht. Die Unterseite trägt gelbe Drüsen. Die Hauptnerven sind den Blattabschnitten entsprechend fingerförmig angeordnet. Die Seitennerven endigen in die stachelspitzen Randzähne.

Die Epidermiszellen der Oberseite besitzen wenig gebogene Wände und deutlich gestreifte Cuticula. Unterseits sind sie kleiner, die Wände mehr gebuchtet, die

Cuticula stark gefaltet und daher grobstreifig. Die Streifung scheint oft strahlenförmig von den nur auf der Unterseite vorhandenen Spaltöffnungen auszugehen.
Trichome kommen in recht verschiedener Gestalt vor. Die Rauhheit der Blattoberseite
wird durch kurze, hakenartig gebogene einzellige Haare mit dicker, warzig
rauher, verkieselter Wand verursacht, die sämtlich nach der Blattspitze zu gerichtet
sind. Der untere Teil dieser Haare ist bauchig erweitert und tief in das Mesophyll
eingesenkt. Er enthält gewöhnlich einen die Höhlung zum größten Teil ausfüllenden
Cystolithen. Die um die Cystolithenhaare rosettenförmig angeordneten Epidermis-

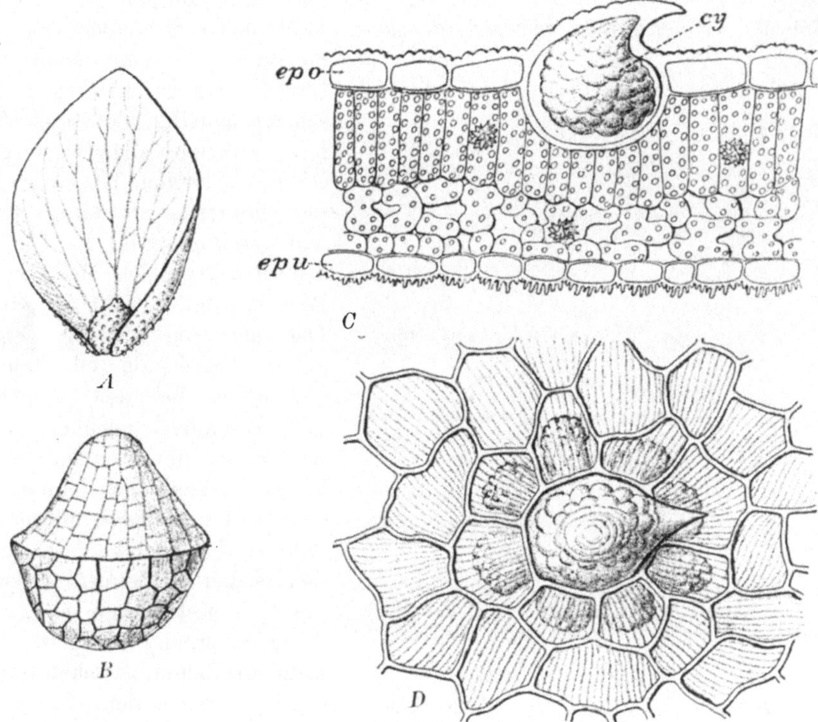

Fig. 57. Humulus lupulus L. *A* Deckblättchen mit Frucht aus dem Fruchtzapfen (1 : 3).
— *B* Hopfendrüse (1 : 200). — *C* Blattquerschnitt (1 : 280). *epo* Epidermis der Oberseite. *epu* Epidermis der Unterseite. *cy* Cystolithenhaar. — *D* Blattoberseite. Cystolithenhaar, von rosettenförmig angeordneten cystolithischen Gebilden umgeben (1 : 280).

zellen sind durch derbere Wände ausgezeichnet und lassen häufig ebenfalls cystolithische Gebilde erkennen, die den Hauptcystolithen dann kranzartig umgeben.
Vereinzelt finden sich beiderseits kurzgestielte Drüsenhaare, mit mehrzelligem — meist
vierzelligem — Köpfchen und auf der Unterseite der Nerven einzellige kurze Borsten.
Ferner trägt die Unterseite gelbe, scheibenförmige Drüsen, deren Bau mit
den unten beschriebenen Lupulindrüsen der Hopfenzapfen übereinstimmt, von denen
sie sich nur durch die flachere Gestalt unterscheiden. Ihr Durchmesser beträgt etwa
150 μ. Charakteristisch für Hopfen sind endlich die etwa amboßförmigen Klimmhaare, die auf einem vielzelligen, postamentartigen Zellhügel stehen, aber nur am
Stengel und Blattstiel häufiger vorkommen, während sie auf der Unterseite der Haupt-

rippen nur vereinzelt auftreten und zuweilen ganz fehlen. Das Mesophyll enthält mittelgroße Oxalatdrusen, die vorwiegend im lockeren Schwammparenchym, seltener im einreihigen Palisadenparenchym liegen.

Die Fruchtzapfen des Hopfens bestehen aus eiförmigen, dachziegelig übereinanderliegenden, gelblichgrünen Deckblättern und ebensolchen Vorblättern. Am Grunde der letzteren sitzt die kleine nußartige Frucht, die ebenso wie ihr Vorblatt reichlich mit goldgelben Drüsen besetzt ist. Diese Drüsen bilden den unter dem Namen Lupulin bekannten Arzneistoff und stellen etwa kreiselförmige, in der Flächenansicht scheibenförmige Gebilde dar (150—250 μ). Ihr unterer Teil besteht aus zahlreichen kleinen Zellen, während der obere, gewöhnlich verschmälerte Teil die gemeinsame, vom Sekret emporgewölbte Cuticula der darunterliegenden Zellschicht darstellt. Die typische Kreiselform ist nicht bei allen Drüsen deutlich erkennbar, da viele Exemplare infolge von Sekretaustritt faltig geworden und geschrumpft sind. Die Blätter des Fruchtstandes sind an ihrem Bau ebenfalls leicht zu erkennen. Die aus stark wellig gebogenen Zellen bestehende Oberhaut trägt namentlich bei den Deckblättern und besonders reichlich auf der Außenseite dünnwandige, einzellige Haare. Außerdem kommen kurzgestielte Drüsenhaare mit meist einzelligem Köpfchen vor. Das zwischen den beiden Epidermen liegende Parenchym besteht aus sehr dünnwandigen, chlorophyllhaltigen, schlauchförmigen Zellen, zwischen denen sich

Fig. 58. Humulus lupulus L. Blattunterseite, eine Lupulindrüse zeigend; Cuticula stark gefaltet; im Mesophyll Oxalatdrusen (1 : 150).

große Interzellularräume befinden. Das Mesophyll erweckt daher den Eindruck eines weitmaschigen (im frischen Zustand grünen) Netzes.

Hanf (Cannabis sativa L. — Urticaceae) [1]).

Die drei- bis siebenfingerigen, scharf gesägten Blätter sind in anatomischer Hinsicht den Hopfenblättern recht ähnlich. Insbesondere trägt ihre Oberseite genau die gleichen, hakenförmig gebogenen Haare mit retortenförmig erweiterter Basis, die einen rundlichen traubigen Cystolithen enthalten. Der Hauptunterschied besteht darin, daß das Hanfblatt auch auf der Unterseite Cystolithenhaare trägt und zwar in großer Menge. Diese sind ebenfalls nach der Blattspitze zu gerichtet aber viel länger und weicher als die auf der Oberseite befindlichen. Ihre Basis ist weniger stark erweitert und kaum in das Mesophyll eingesenkt, der in ihnen enthaltene Cystolith ziemlich klein, länglich traubig. Daneben kommen auf der Unterseite noch scheibenförmige Drüsen vor, die denen der Labiaten ähneln, und kleine Drüsenhaare mit ein- oder mehrzelligem kugeligem Köpfchen. Die Epidermiszellen sind beiderseits polygonal, zuweilen schwach wellig gebogen; die Cuticula ist oberseits sehr fein gestreift.

---

[1]) Abbildungen finden sich im anatomischen Atlas von Tschirch-Oesterle, Tafel 15.

Die um die Cystolithenhaare der oberseits rosettenförmig angeordneten Epidermiszellen enthalten meist ebenfalls cystolithische Gebilde, die zum Teil traubig sind, zum Teil konzentrische Schichtung aufweisen. Solche kommen nicht selten auch unabhängig von den charakteristischen Trichomen vor. Stomata finden sich nur auf der Unterseite des Blattes; das Mesophyll enthält Oxalatdrusen. Die Palisadenschicht ist einreihig, aus sehr schlanken Zellen gebildet. In den Nerven beobachtet man ungegliederte, braune Milchröhren.

Ampfer (Rumex obtusifolius L. — Polygonaceae) (Fig. 59).

Die Stengelblätter sind groß, lanzettförmig bis elliptisch, die grundständigen Blätter herzförmig, an der Spitze abgerundet, ganzrandig und beiderseits kahl. Die von der Mittelrippe abzweigenden Seitennerven bilden in ziemlicher Entfernung vom Rand Schlingen.

Die Epidermiszellen besitzen beiderseits gebogene bis wellig buchtige Wände. Über den Nerven zeigen sie gestreckte Form, fast gerade Wände und grob gestreifte Cuticula. Eine Anzahl dieser Zellen ist zu stumpfen Papillen ausgezogen, die durch grobe Faltung der Cuticula auffallen. Zum Teil zeigen die Papillen Einschnürungen unter der Spitze, sodaß diese kopfförmig erscheint; auch Querwände kommen vor. Stomata finden sich beiderseits, auf der Unterseite jedoch reichlicher. Sie sind gewöhnlich von drei oder vier Epidermiszellen umgeben. Kurzgestielte Drüsen mit vierzelligem flach ausgebreitetem Köpfchen beobachtet man hauptsächlich auf der Unterseite. Ihre Basis erscheint in der Flächenansicht aus zwei kleinen halbkreisförmigen Zellen gebildet, um die die Epidermiszellen radial angeordnet sind. Das Mesophyll enthält in rundlichen Zellen vorwiegend sehr große, morgensternförmige Oxalatdrusen (meist 40—60 μ, häufig auch bis 80 μ).

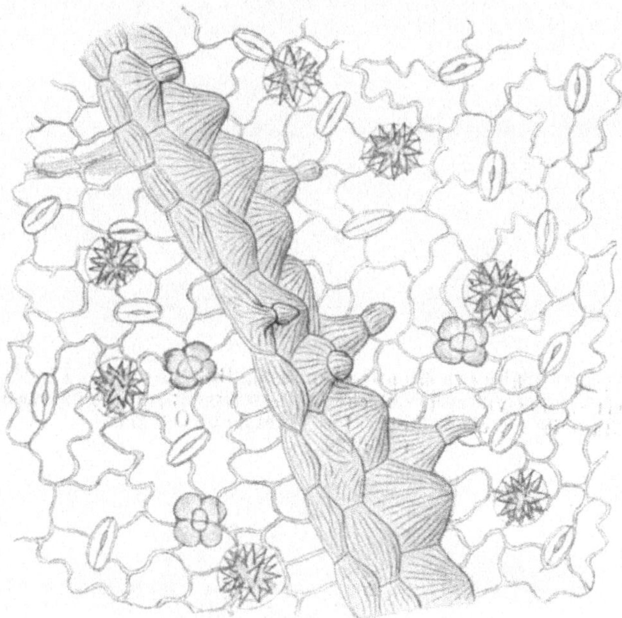

Fig. 59. Rumex obtusifolius L. Blattunterseite, mit flachen, vierteiligen Drüsen; auf den Nerven gestreifte Papillen; im Mesophyll große, reichgegliederte Oxalatdrusen (1 : 150).

Rhabarber (Rheum rhaponticum L. — Polygonaceae) (Fig. 60, 61, 61ª).

Die großen, rundlichen, am Grunde tief herzförmigen Blätter besitzen meist gewellten, durch stumpfe Papillen fein gezähnt erscheinenden Rand. Die Seitennerven, die auf der Unterseite als mächtige Rippen hervortreten, sind schlingläufig.

Die Epidermiszellen der Oberseite sind rundlich polygonal, ihre Wände wenig gebogen, zum Teil flachwellig, unterseits wellig buchtig. Die Cuticula ist beiderseits feinstreifig. Die auf der Unterseite zahlreich, oben nicht ganz so häufig vorkommenden

Spaltöffnungen werden von drei Nebenzellen eingeschlossen. Der Blattrand ist ziemlich dicht mit rundlichen bis eiförmigen, häufig in Gruppen zusammenstehenden Papillen besetzt, die durch grob gestreifte Cuticula ausgezeichnet sind. Ähnliche,

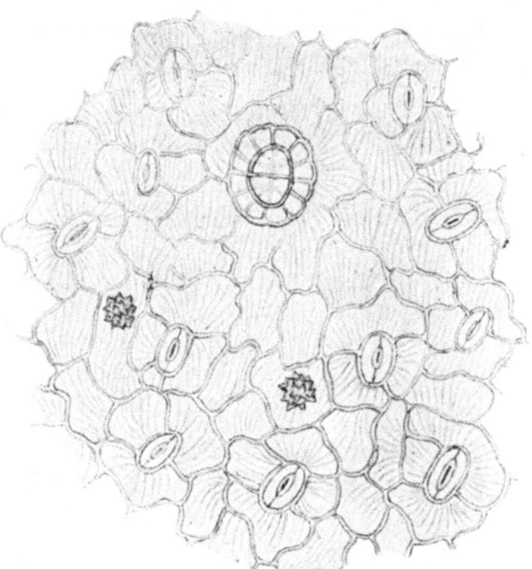

Fig. 60. Rheum Rhaponticum L. Blattoberseite, eine vielzellige flache Drüse zeigend; Stomata mit 3 Nebenzellen. Im Mesophyll Oxalatdrusen (1 : 120).

Fig. 61. Rheum Rhaponticum L. Blattunterseite. Auf den Nerven fingerförmige
Papillen (1 : 150)-

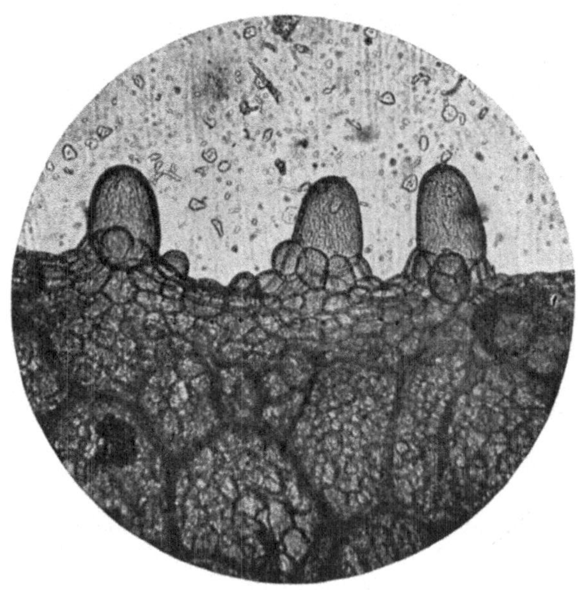

Fig. 61a. Rheum Rhaponticum L. Blattrand mit
Papillen (Gebleichtes Präparat) (1 : 50).

aber meist längere und schmälere, etwa fingerförmige Papillen finden sich zahlreich auf der Unterseite der Rippen und einzeln in der Nähe der dünneren Nerven. Beiderseits kommen außerdem kurzgestielte Drüsen vor, die ein abgerundet vierseitiges flaches Köpfchen aus 8—16 Zellen tragen. Ihr Stiel wird aus zwei nebeneinander stehenden, in der Fläche etwa halbkreisförmigen Zellen gebildet. Das Mesophyll enthält große, wenig gegliederte Oxalatdrusen. Außerdem sind die Leitbündel der feinsten Nerven von Aggregaten oft fast quadratischer Krystalle inkrustiert, die zum Unterschied von den Drusenkrystallen bei gekreuzten Nikols dunkel bleiben. In

Mineralsäuren lösen sich diese Krystalle unter Kohlensäureentwickelung, auch in Ammoniumsalzen sind sie löslich. Mit Schwefelsäure erfolgt keine Gipsbildung, dagegen scheiden sich aus der Lösung auf Zusatz von Ammoniak und Natriumphosphat Krystalle von Ammoniummagnesiumphosphat ab. Die Inkrustierungen bestehen demnach aus Magnesiumcarbonat.

Die übrigen bei uns in Kultur befindlichen Rhabarberarten besitzen dem Rh. rhaponticum sehr ähnlich gebaute Blätter.

Runkelrübe (Beta vulgaris L. — Chenopodiaceae) (Fig. 62, 63).

Die Blätter sind herzeiförmig abgestumpft bis rautenförmig, meist aus breiter Basis keilförmig in den Stiel verschmälert, ganzrandig und beiderseits kahl. Die Seitennerven laufen nach dem Abzweigen zunächst noch ein Stückchen neben der Mittelrippe her und gehen dann bogenförmig nach außen, in der Nähe des Randes Schlingen bildend.

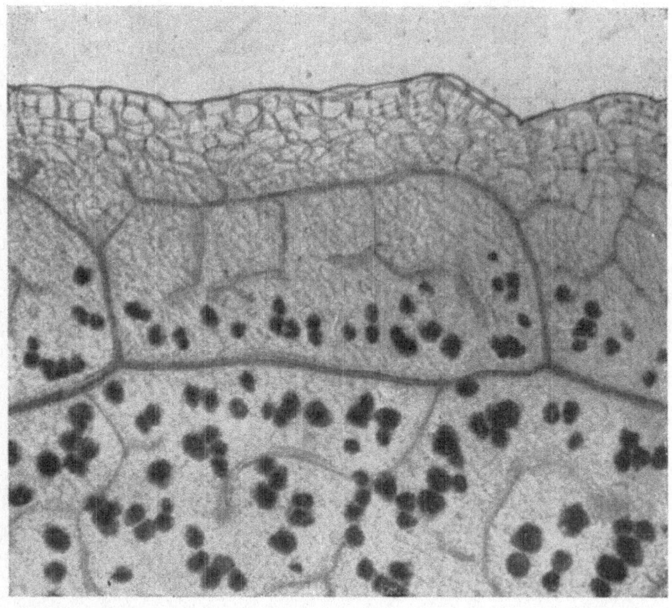

Fig. 62. Beta vulgaris L. Blatt mit zahlreichen rundlichen Krystallsandzellen im Mesophyll (Gebleichtes Präparat) (1 : 60).

Die Epidermis ist auf beiden Seiten kaum von einander verschieden und enthält reichlich Spaltöffnungen. Die Oberhautzellen sind polygonal, die Wände fast gerade oder nur wenig gebogen. Haare kommen auf älteren Blättern kaum vor. Charakteristisch sind die zahlreichen ziemlich großen, rundlichen Krystallsandzellen im Mesophyll. Der Bau des Blattes ist meist bifazial; die Palisadenzellen sind gewöhnlich 1—3-reihig.

Platane (Platanus orientalis L. — Platanaceae) (Fig. 64, 65, 66, 67).

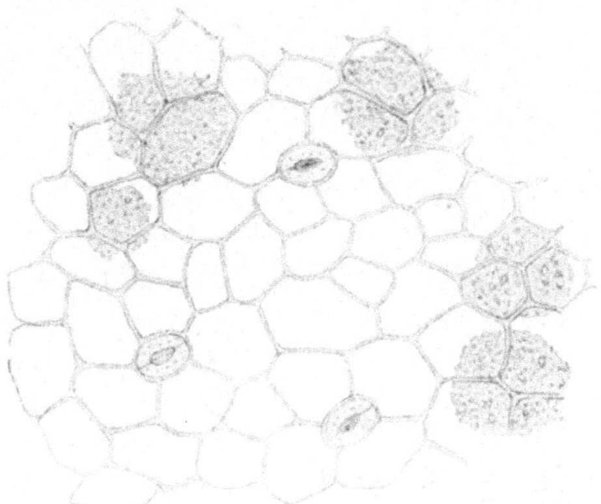

Fig 63. Beta vulgaris L. Blattoberseite. Große rundliche Krystallsandzellen im Mesophyll (1 : 200).

Die Blätter sind gestielt, breit dreilappig oder handförmig fünflappig, die einzelnen Lappen entfernt buchtig gezähnt. Der breite Blattgrund ist herzförmig bis gerade, oder er läuft mit einer kleinen keilförmigen Spitze in den Blattstiel aus. Etwas oberhalb des Blattgrundes teilt sich die Mittelrippe in 3—5 Hauptnerven, die bis zur Spitze der großen Lappen laufen und auf der Unterseite stark vorspringen. Die Seitennerven führen zum Teil in die Zähne des Blattrandes; im ungezähnten Teil der Lappen bilden sie in der Nähe des Randes Schlingen. Junge Blätter sind von eigenartigen Sternhaaren bedeckt, ältere tragen solche nur noch am basalen Teil auf den Hauptnerven und in deren Nachbarschaft.

Fig. 64. Platanenblatt.

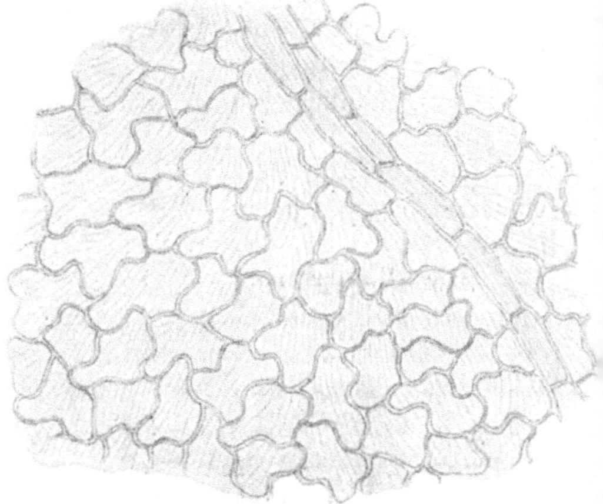

Fig. 65. Platanus orientalis L. Blattoberseite (1:150).

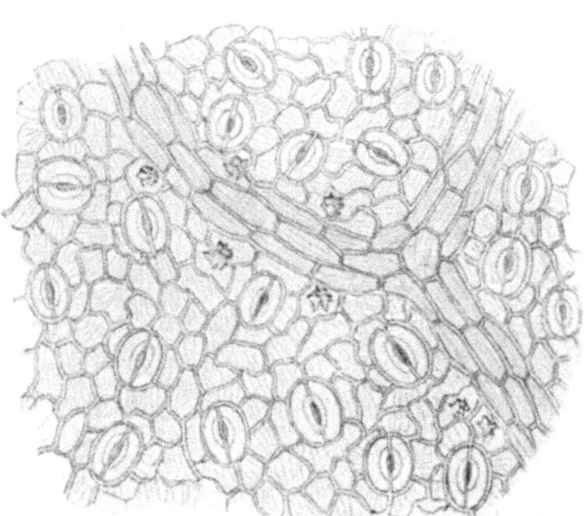

Fig. 66. Platanus orientalis L. Blattunterseite. Oxalatdrusen längs der Nerven (1:150).

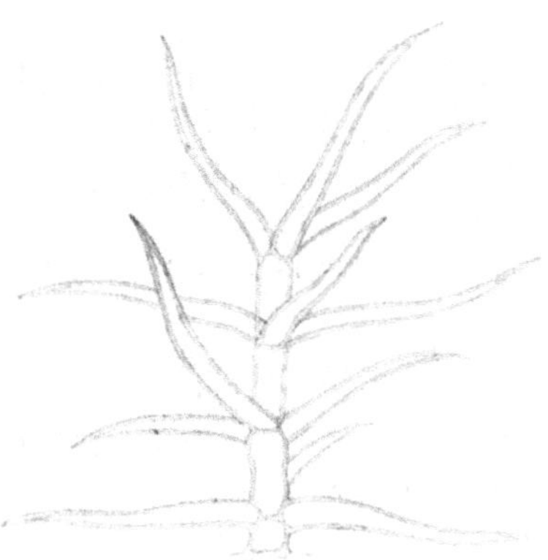

Fig. 67. Platanus. Kandelaberhaar (1:150).

Die Epidermiszellen besitzen oberseits meist buchtige Wände, unterseits sind sie mehr polygonal. Deutliche Tüpfelung der Wand und mehr oder weniger grobe Cuticularstreifung ist fast immer wahrnehmbar. Die Unterseite enthält zahlreiche große Spaltöffnungen, die die benachbarten Zellen oft an Größe übertreffen. Besonders charakteristisch sind die sogenannten **Kandelaberhaare**, die in 3—4 Etagen sternartige Verzweigungen aufweisen[1]). Die Strahlen sind einzellig und ziemlich derbwandig. Diese Haare finden sich an älteren Blättern meist nur noch auf den stärkeren Nerven, besonders im basalen Teil des Blattes; oft sind sie an der mehrzelligen Basis abgebrochen. Außerdem kommen namentlich auf der Unterseite noch kurzgestielte **Drüsenhaare** mit ungeteiltem kugeligem Köpfchen vor. Das Mesophyll enthält reichlich **Oxalatdrusen**, die hauptsächlich längs der Nerven auftreten. Die Palisadenzellen sind schlank und einreihig, das Schwammparenchym ziemlich locker und stark durchlüftet.

Apfel (Pirus malus L. — Rosaceae) (Fig. 68, 69, 70).

Die Blätter sind eiförmig bis elliptisch, kurz zugespitzt, am Rande einfach bis doppelt gesägt, auf der Unterseite filzig, seltener fast kahl. Die Seitennerven sind leicht gebogen und bilden in einiger Entfernung vom Rand Schlingen.

Fig. 68. **Apfelblatt.**

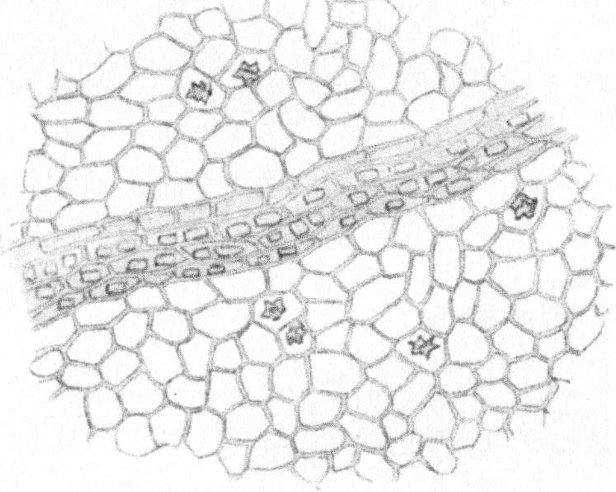

Fig. 69. **Pirus malus L. Blattoberseite.**
Im Nerv zahlreiche Einzelkrystalle; im Mesophyll
Drusen (1:150).

Die Wände der Epidermiszellen sind oberseits kaum gebogen, unterseits wellig buchtig. (Unterschied von Birne.) Auf der Unterseite finden sich zahlreiche, die umgebenden Epidermiszellen gewöhnlich an Größe übertreffende Spaltöffnungen. Die **Haare** bilden auf der Unterseite meist einen mehr oder weniger dichten **Filz**. Sie sind einzellig, dünn- oder derbwandig, sehr lang und vielfach hin und her gebogen. Das Mesophyll ist im allgemeinen nicht sehr reich an Oxalatdrusen, die gewöhnlich in der unteren Schicht des zweireihigen Palisadenparenchyms liegen; dagegen beobachtet man auf den Nerven zahlreiche **Einzelkrystalle** in **Kammerfasern**.

Birne (Pirus communis L. — Rosaceae) (Fig. 71, 72).

Die Blätter sind langgestielt, eiförmig bis rundlich, fast ganzrandig und im Alter kahl. Die fiederförmig abzweigenden, etwas gebogenen Seitennerven erreichen den Rand

---

[1]) Ähnliche Haare besitzen auch die Blätter von Verbascum.

nicht, da sie sich vorher in feine Ästchen auflösen und untereinander anastomosieren. Die Nerven höherer Ordnung bilden ein mit der Lupe sichtbares feines Netzwerk.

Fig. 70. **Pirus malus L.** Blattunterseite, mit einzelligen gewundenen Deckhaaren (1:150).

Die Epidermiszellen sind beiderseits polygonal. Stomata, die wie beim Apfel die Nachbarzellen an Größe übertreffen, finden sich nur auf der Unterseite. Die feinen Randzähne tragen bei jungen Blättern — ebenso wie beim Apfel — stumpfkonische Drüsen. Das Mesophyll ist gleichfalls der obigen Art analog gebaut. Auch die Verteilung und Größe der O x a l a t d r u s e n, sowie das massige Vorkommen von E i n z e l k r y s t a l l e n auf den Nerven lassen gegenüber Pirus malus keinen Unterschied erkennen.

R o s e (Rosa) siehe unter A.

Fig. 71. **Birnenblatt.**

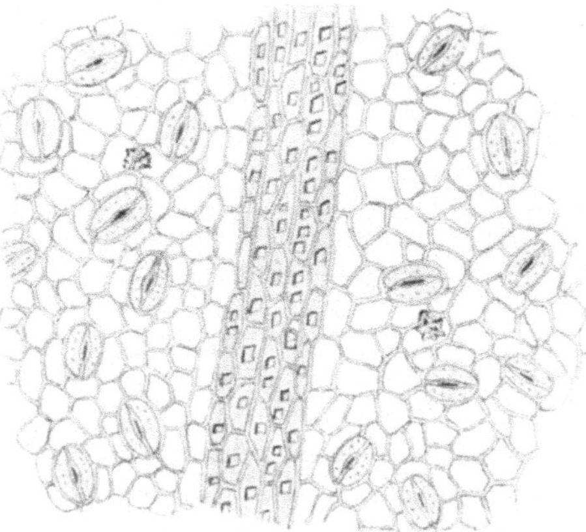

Fig. 72. **Pirus communis L.** Blattunterseite. Im Mesophyll Oxalatdrusen, in den Nerven Einzelkrystalle (1:150).

Sauerkirsche, W e i c h s e l (Prunus Cerasus L. — Rosaceae) (Fig. 73, 74, 75). Die länglich eiförmigen, fast lederartigen Blätter sind zugespitzt und am Rande doppelt gesägt. An der Basis tragen sie gewöhnlich beiderseits eine rotbraune Drüse.

Behaarung fehlt so gut wie vollständig. Die fiederförmig abzweigenden Nebennerven bilden in der Nähe des Randes Schlingen.

Die Epidermis besteht beiderseits aus polygonalen Zellen mit derben, wenig gebogenen, nicht selten getüpfelten Wänden. Unterseits ist die Cuticula gestreift, die Zellen zuweilen wellig-buchtig. Stomata sind nur unten vorhanden. Die Randzähne tragen eine konische Drüse. In der Begleitung der Nerven beobachtet man zahlreiche, meist recht große Oxalatdrusen; im Mesophyll kommen solche im übrigen nur vereinzelt vor. Die Innenwand der oberen Epidermiszellen ist verschleimt. Die Palisadenschicht ist ein- bis zweireihig, die äußere Lage sehr lang und schmal, das Schwammparenchym locker.

Süßkirsche (Prunus avium L. — Rosaceae)[1].

Die Blätter sind eiförmig zugespitzt, nach der Basis zu keilförmig verschmälert, auf der Unterseite behaart. Der Blattrand ist schärfer und gröber doppelt gesägt-gezähnt als bei voriger Art. Die Zähne tragen wie bei P. Cerasus eine konische Drüse. Die Sekundärnerven sind zahlreicher als bei der Sauerkirsche. Sie teilen sich in einiger Entfernung vom Rande gabelartig und bilden Schlingen.

Der anatomische Bau ist im wesentlichen wie bei P. Cerasus. Die Epidermiszellen besitzen stärker gebogene Seitenwände und lassen beiderseits Streifung erkennen. Auf der Oberseite kommen namentlich auf den Nerven einzellige,

Fig. 73. Sauer-kirschenblatt.

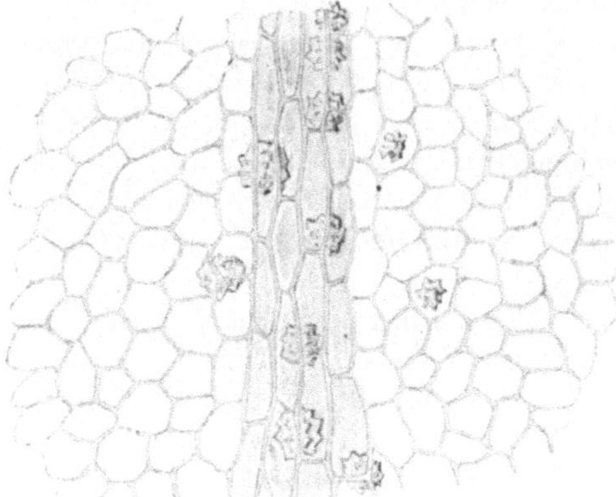

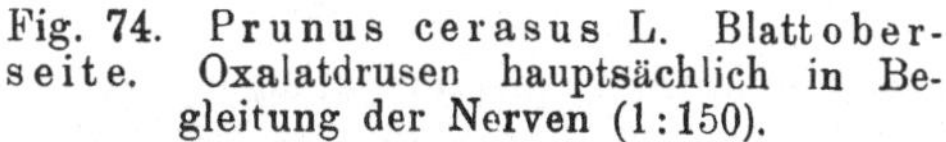

Fig. 74. Prunus cerasus L. Blattober-seite. Oxalatdrusen hauptsächlich in Begleitung der Nerven (1:150).

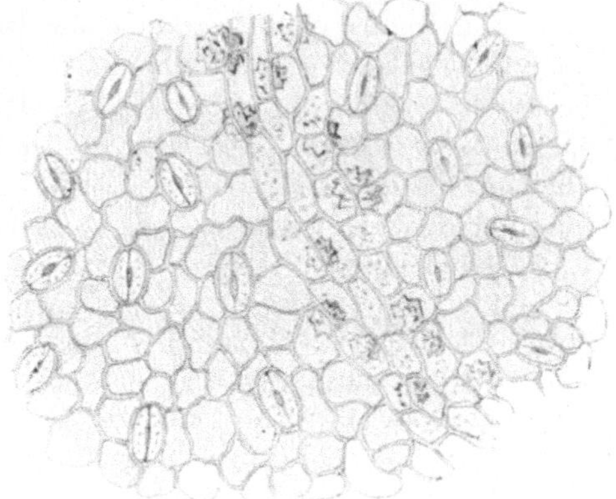

Fig. 75. Prunus cerasus L. Blattunterseite (1:150).

dickwandige, kegelförmige Haare vor. Die Unterseite trägt ziemlich reichlich einzellige, aber viel längere Haare mit dicker Wand und engem Lumen. In der Begleitung der Nerven finden sich wesentlich weniger und kleinere Oxalatdrusen, als bei der vorigen Art, dagegen kommen hier noch Einzelkrystalle hinzu, die namentlich auf der

---

[1] Abbildung siehe bei Moeller.

Unterseite der Nerven als Faserbelag besonders zahlreich auftreten. Unabhängig von den Nerven beobachtet man auch hier nur vereinzelte Krystalle im Mesophyll.

Akazie (Robinia pseudacacia L. — Papilionaceae).

Die Blätter sind unpaarig gefiedert, die Blättchen kurz gestielt, länglich eiförmig, ganzrandig, an der Spitze leicht eingebuchtet, anfangs fein behaart, später kahl. Die Sekundärnerven bilden Schlingen.

Die Epidermiszellen besitzen beiderseits nur wenig gebogene Wände, unterseits sind sie etwas papillös vorgewölbt. Stomata kommen nur auf der Unterseite vor.

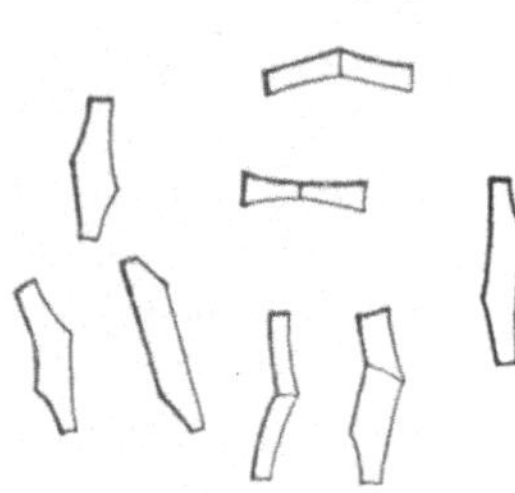

Fig. 75a. Robinia pseudacacia L. Formen der in den feineren Nerven des Blattes vorkommenden gestreckten Oxalatkrystalle (1:350).

Dort finden sich auch einzellige, schlanke Deckhaare mit dünner oder derber Wand, die beim Abfallen ringförmige Narben hinterlassen. Die Epidermiszellen sind gewöhnlich strahlig um die Haare angeordnet. Oberseits sind die Haare seltener. Die Nerven enthalten zahlreiche Oxalateinzelkrystalle. In den Nerven höherer Ordnung besitzen diese eine charakteristische, längsgestreckte Form (Fig. 75a). In der Mitte zeigen sie häufig die größte Breite, zuweilen erscheinen sie auch geknickt. Ebenso ausgebildete Einzelkrystalle kommen in einigen Palisadenzellen vor. Die Palisaden sind 1—2-reihig. Zahlreiche Palisaden der äußeren Reihe enthalten aus Calciumcarbonat bestehende Einschlüsse. Letztere erkennt man am besten bei nicht ganz vollständiger Bleichung des Blattes. In der Aufsicht erscheinen sie dann als gelbliche, etwa tropfenförmige Gebilde. Am Querschnitt des Blattes erkennt man, daß ihre Form der der Palisaden angepaßt ist.

Goldregen[1] (Cytisus laburnum L. — Papilionaceae).

Die Blätter sind dreizählig, die Blättchen länglich, ganzrandig, unterseits angedrückt seidenhaarig, später kahl. Die Seitennerven sind schlingläufig. Epidermiszellen beiderseits leicht wellig gebuchtet. Spaltöffnungen finden sich nur auf der Unterseite; sie sind oft ebenso groß oder größer als die umgebenden Epidermiszellen. Die an älteren Blättern nur vereinzelt vorkommenden Haare sind einzellig, schlank und dünnwandig, gewöhnlich an der Basis umgebogen. Oxalat fehlt.

Stechginster[1] (Ulex europaeus L. — Papilionaceae).

Blätter linealisch nadelförmig, in eine Stachelspitze endigend, dreikantig. Epidermiszellen meist länglich mit wenig gebogenen Wänden. Oberhaut mit zahlreichen Spaltöffnungen. Oxalat fehlt. Blattbau zentrisch. Blätter und Stengelteile reich an Bastfasern. Stengel dicht mit langen einzelligen, oft wurmförmig gekrümmten Haaren besetzt. Die gelben Schmetterlingsblüten besitzen einen großen zweiteiligen, dicht mit einzelligen, z. T. bandartig gedrehten Haaren bedeckten Kelch.

Spitzahorn (Acer platanoides L. — Aceraceae) (Fig. 76, 77, 78).

Blätter fünflappig, mit lang zugespitzten Abschnitten, die mit wenigen großen, durch Einbuchtungen getrennten Zähnen besetzt sind. Von der herzförmigen Basis des Blattes gehen 5 Hauptnerven aus, die in die Spitze der Lappen führen. Die Seitennerven bilden in der Nähe des Randes Schlingen, soweit sie nicht in einen der

---

[1] Die Verwendung von Goldregenblättern, sowie von Blättern und Blüten des Stechginsters hat H. Führer angeregt (Ber. Deutsch. Pharm. Gesellsch. 1919, **29**, 168 und Pharm. Zentralh. 1919, **60**, 337) und zwar wegen ihres Gehaltes an Cytisin, das hinsichtlich seiner physiologischen Wirkung dem Nikotin sehr ähnlich ist.

großen Zähne endigen. Haare findet man nur auf der Unterseite in den Nervenwinkeln in Form von kleinen Bärten.

Epidermiszellen oberseits polygonal bis wenig gebuchtet, mit deutlich gestreifterCuticula, unterseits kleiner und etwas stärker gebuchtet. Spaltöffnungen sind nur auf der Unterseite vorhanden. Oxalatdrusen fehlen so gut wie ganz, dagegen sind die Nerven namentlich unterseits reichlich mit Einzelkrystallen bedeckt. Die in den Nervenwinkeln vorkommenden ein- bis mehrzelligen Haare sind dünnwandig und besitzen eine feinkörnige Oberfläche. Die Palisaden sind einreihig.

Der **Bergahorn** (Acer pseudoplatanus L.) (Fig. 79, 80) besitzt

Fig. 76. Spitzahornblatt.

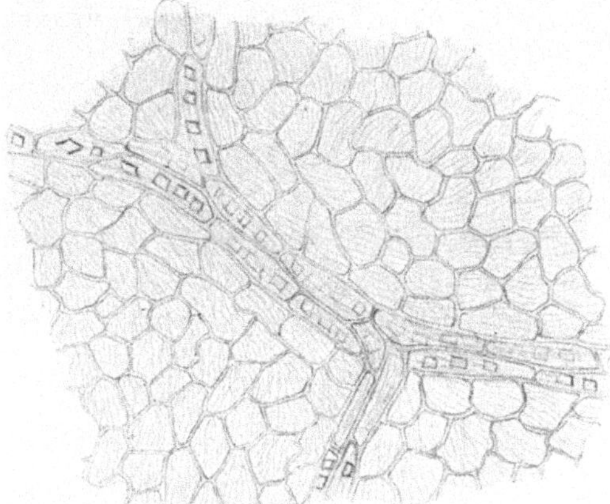

Fig. 77. Acer platanoides L. Blattoberseite. In den Nerven Einzelkrystalle (1:150).

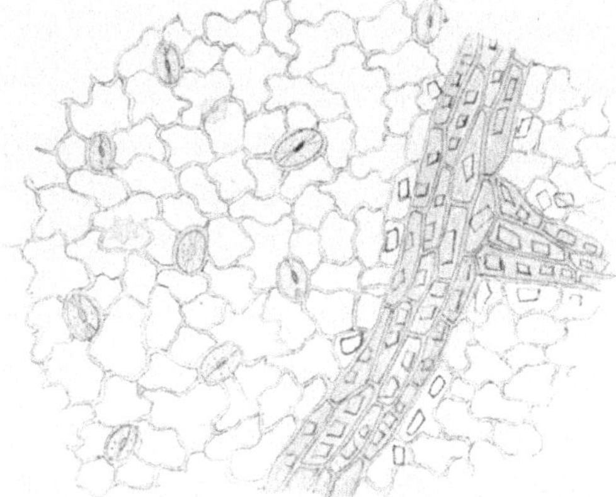

Fig. 78. Acer platanoides L. Blattunterseite. Nerven von Einzelkrystallen bedeckt (1:150).

handförmig 3—5teilige, unterseits graugrüne Blätter, die in den Nervenwinkeln an der Basis unten behaart sind. Die Blattabschnitte sind zugespitzt und ungleich gesägt. Die Seitennerven endigen in die Randzähne. Mikroskopisch ist die Art von der vorhergehenden

Fig. 79. Bergahornblatt.

Fig. 81. Roßkastanienblatt.

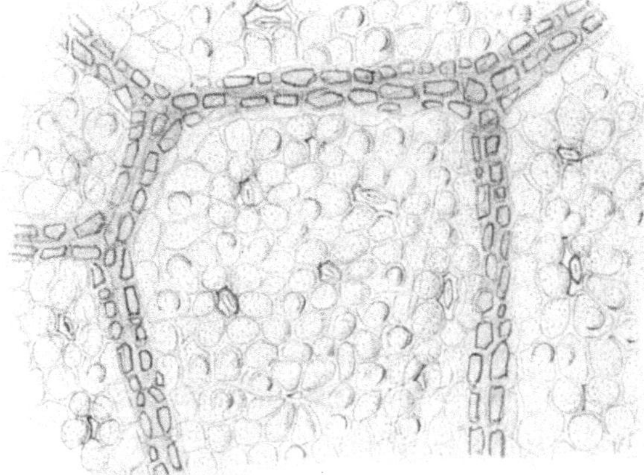

Fig. 80. Acer pseudoplatanus L. Blattunterseite.] Epidermiszellen papillös vorgewölbt; in den
Nerven Einzelkrystalle (1:150).

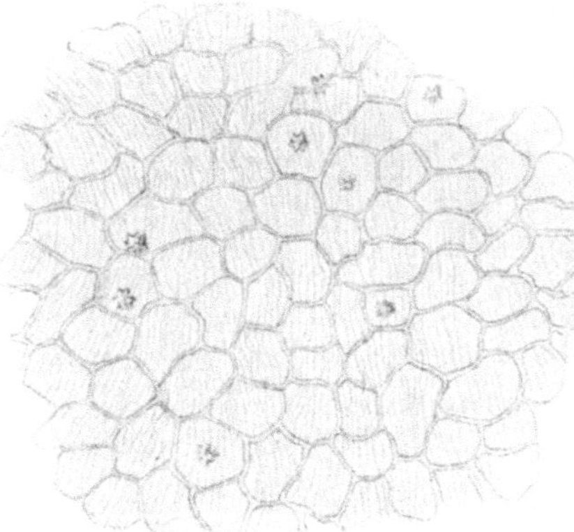

Fig. 82. Aesculus hippocastanum
L. Blattoberseite. Kleine Oxalatdrusen im Mesophyll sichtbar (1:150).

leicht durch die nicht gebuchteten, papillös vorgewölbten Epidermiszellen
der Unterseite zu unterscheiden. Einzelkrystalle kommen in gleicher Weise in den

Nerven vor, wie bei A. platanoides; Drusen sind selten. Die Behaarung ist bei älteren Blättern sehr geringfügig und beschränkt sich meist auf bärtige Anhäufungen von Trichomen in den Winkeln der Hauptnerven. Diese Haare sind einzellig, dünnwandig und nicht selten wurmartig gekrümmt; ihre Oberfläche ist feinkörnig. Außerdem beobachtet man sehr vereinzelt auf den Hauptnerven, häufiger am Blattstiel, kleine mehrzellige, keulenförmige Drüsenhaare.

Roßkastanie (Aesculus hippocastanum L. — Hippocastaneae) (Fig. 81, 82, 83).

Die großen, fast kahlen 5—7-zähligen Blätter sind umgekehrt eiförmig, vorne zugespitzt und nach der Basis keilförmig verschmälert. Der Rand ist doppelt gesägt mit stumpfen Zähnen. Von der Mittelrippe zweigen fiederförmig starke Nebenrippen ab, die unter sich fast parallel laufen und nach vorheriger Teilung in einen Randzahn endigen.

Die Oberhautzellen sind beiderseits polygonal. Vielfach besitzen sie gebogene oder buchtige Wände, namentlich auf der Unterseite. Die Cuticula ist ziemlich grob gestreift. Die Unterseite

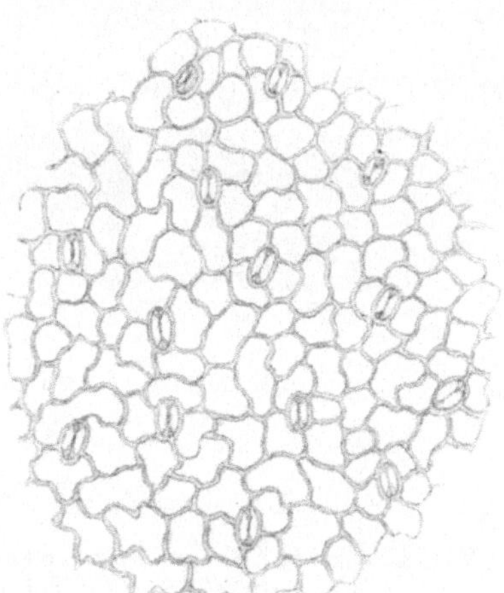

Fig. 83. Aesculus hippocastanum L. Blattunterseite (1:150).

Fig. 84. Wenblatt.

trägt zahlreiche, ziemlich schmal-ovale Spaltöffnungen. Haare kommen bei älteren Blättern nur noch in den Nervenwinkeln an der Hauptrippe vor, wo sie büschelförmig auftreten. Sie sind dünnwandig, mehrzellig und besitzen gekörnte oder gestrichelte Oberfläche. Im Mesophyll beobachtet man ziemlich zerstreut kleine Drusenkrystalle; häufig finden sich solche im Zuge der Nerven namentlich auf der Unterseite. Die schlanken Palisadenzellen sind meist einreihig.

Weinrebe (Vitis vinifera L. — Ampelidaceae) (Fig. 84, 85, 86).

Die Blätter sind 3—5-lappig oder 3—5-teilig, ungleich gesägt, an der Basis herzförmig. Die Oberseite ist kahl, die Unterseite mehr oder weniger behaart, jedenfalls aber auf den Hauptnerven, die in Fünfzahl an der Blattbasis entspringen und nach den Hauptlappen ziehen. Die Sekundärnerven zweigen unter spitzen Winkeln ab und führen in größere Randzähne.

Die Epidermiszellen sind beiderseits polygonal, auf der Unterseite etwas kleiner, ihre Wände fast gerade oder wenig gebogen. Haare beobachtet man oberseits meist nur auf den Nerven. Sie sind gewöhnlich ein- bis dreizellig, kurz kegelförmig, oft kaum höher als an der Basis breit. Ähnliche, aber meist viel länger werdende Haare — an der Blattbasis bis 8-zellig — findet man neben zahlreichen Spaltöffnungen auf der unteren Epidermis. Hinzu kommen dort, wenigstens an jungen Blättern, noch lange, bandartig gewundene, dünnwandige Wollhaare, die in den Nervenwinkeln und auf den Hauptnerven einen Filz bilden. Das Mesophyll enthält im oberen Teil des Schwammparenchyms zahlreiche, in langgestreckten Schleimzellen liegende Raphidenbündel, die zum größten Teil parallel zur Blattfläche angeordnet, aber sonst nach keiner bestimmten Richtung orientiert sind. Ihre Länge beträgt meist 70—120 μ. Außerdem kommen noch relativ kleine Oxalatdrusen längs

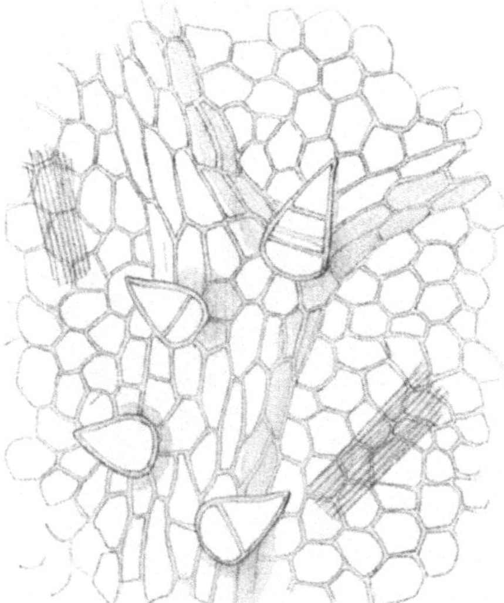

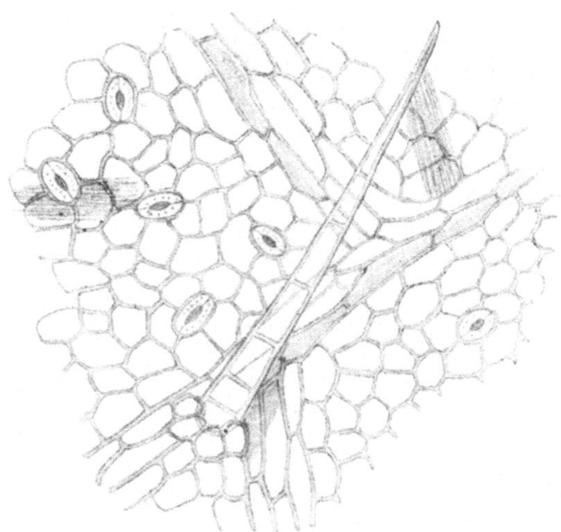

Fig. 85. Vitis vinifera L. Blattoberseite, mit kurzen konischen Haaren; Raphiden im Mesophyll (1 : 150).

Fig. 86. Vitis vinifera L. Blattunterseite. Haare schlank, mehrzellig; Raphiden im Mesophyll (1 : 150).

der Nerven vor, aber nicht besonders reichlich. Das aus schlanken Zellen gebildete Palisadenparenchym ist einreihig, das Schwammparenchym mehrreihig.

Wilder Wein (Ampelopsis quinquefolia Mich. — Ampelidaceae) (Fig. 87, 88, 89).

Die langgestielten 3—5-zähligen Blätter besitzen lanzettlich-eiförmige, entfernt gesägte, an der Basis ganzrandige Teilblättchen, die Randzähne sind in eine scharfe Spitze vorgezogen. Die Seitennerven sind etwas gebogen und randläufig.

Die polygonalen Epidermiszellen besitzen derbe, meist getüpfelte, oberseits wenig, unterseits stärker gebogene, zuweilen etwas wellige Wände. Die Cuticula zeigt feine Streifung, die namentlich auf der an Spaltöffnungen reichen Unterseite deutlich hervortritt. Die Haare sind bei älteren Blättern fast nur auf die Nerven beschränkt und vereinzelt. Man beobachtet einzellige, dünnwandige Gebilde mit stumpfer Spitze und feinkörniger Oberfläche, die auch zuweilen eingeknickt oder bandartig zusammengefallen sind, und derbwandige, ein- bis mehrzellige, im übrigen den ersteren sehr ähnliche Trichome. Im Mesophyll erkennt man zahlreiche zur Blattfläche parallel

gestreckte Raphidenbündel von 50—150 μ Länge.
Sie liegen auch hier im oberen Teil des Schwammparenchyms in lang gestreckten Schleimzellen, die sie
mitunter nur zum kleineren Teil ausfüllen. Charakteristisch ist das Vorhandensein zahlreicher Oxalatdrusen neben den Raphiden. Kleinere Drusen
begleiten zum Teil die Nerven, die größeren sind regellos
im Mesophyll verteilt. Die Palisadenzellen sind einreihig,
sehr schlank, das Schwammparenchym ist stark entwickelt.

Winterlinde (Tilia parvifolia Ehrh. — Tiliaceae)
(Fig. 90, 91, 92).

Die Blätter sind schief rundlich herzförmig, zugespitzt und am Rande scharf gesägt, nur die Basis ist
ganzrandig. Auf der Unterseite tragen sie in den Aderwinkeln Büschel rostfarbiger Haare. Die Seitennerven stehen ziemlich weitläufig und teilen sich in der
Nähe des Randes gabelförmig. Die an der Blattbasis ent
springenden Seitennerven sind sehr stark entwickelt und
besitzen hinsichtlich der Verzweigung den Charakter von
Hauptnerven. Zwischen den Sekundärnerven bilden die
Nerven höherer Ordnung fast rechtwinklig abzweigende,
oft beinahe gerade Verbindnugen.

Die Epidermiszellen sind beiderseits polygonal,
meist geradwandig, unterseits mit stark gestreifter Cuticula versehen. Die Unterseite enthält zahlreiche Spaltöffnungen, die nur wenig kleiner, zum Teil sogar größer
sind als die benachbarten Epidermiszellen. Längs der
Nerven beobachtet man namentlich auf der
Oberseite massenhaft Einzelkrystalle,
während sich Drusen gewöhnlich nur in den

Fig. 87. Teilblatt des wilden
Weines.

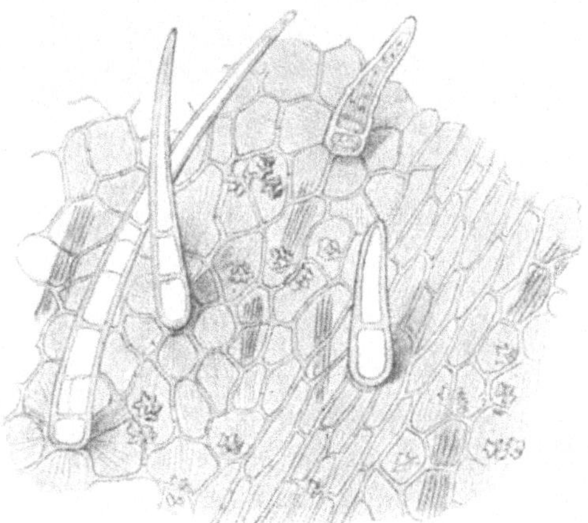

Fig. 88. Ampelopsis quinquefolia Michx.
Blattoberseite, mit ein- bis dreizelligen
Haaren; im Mesophyll neben Raphiden zahl-
reiche Oxalatdrusen (1 : 150).

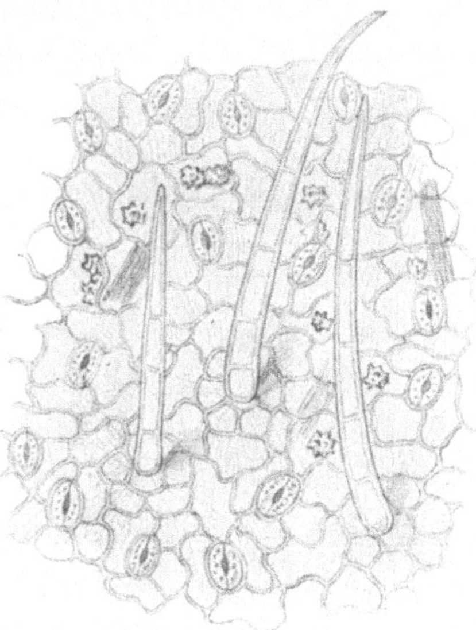

Fig. 89. Ampelopsis quinquefolia
Michx. Blattunterseite, Haare schlank;
Raphiden und Drusen im Mesophyll
(1 : 150).

stärkeren Nerven finden. Deckhaaren begegnet man im allgemeinen nur in den Nervenwinkeln auf der Unterseite. Sie sind dünnwandig, ziemlich lang und oft bandartig gedreht. Außerdem kommen noch Drüsenhaare vor, mit kurzem einzelligem Stiel und eiförmigem, durch Längs- und Querwände geteiltem Köpfchen. Die Palisaden sind gewöhnlich einreihig, zuweilen setzt sich aber das ganze Mesophyll aus palisadenartig gestreckten Zellen zusammen.

Die Blätter der Sommerlinde (Tilia platyphylla Scop.) (Fig. 93) sind größer und wenigstens auf der Unterseite mehr oder weniger weichhaarig, in den Nervenwinkeln hellbärtig. Zwischen den zahlreichen Einzelkrystallen finden sich auch im Verlauf der dünneren Nerven vereinzelt Drusen. In den stärkeren Nerven sind die Drusen zahlreicher. Die stärkeren Nerven sind auf der Unterseite ziemlich reichlich behaart, die Haare einzellig, oft dickwandig. Die Drüsenhaare sind wie bei der vorigen Art gebaut, kommen aber etwas reichlicher vor. Die Oberseite trägt bei älteren Blättern nur noch Haarnarben.

Außer den beiden genannten werden bei uns noch eine Reihe ausländischer Lindenarten angepflanzt. Diese sind ge-

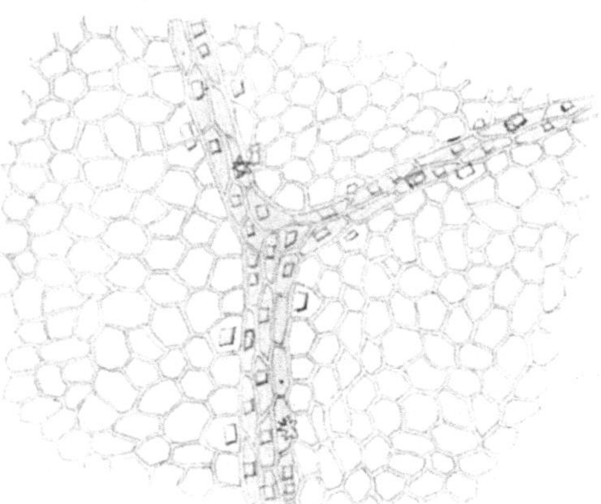

Fig. 90. Lindenblatt.

Fig. 91. Tilia parvifolia Ehrh. Blattoberseite. Im Nervenparenchym zahlreiche Einzelkrystalle, wenig Drusen (1 : 150).

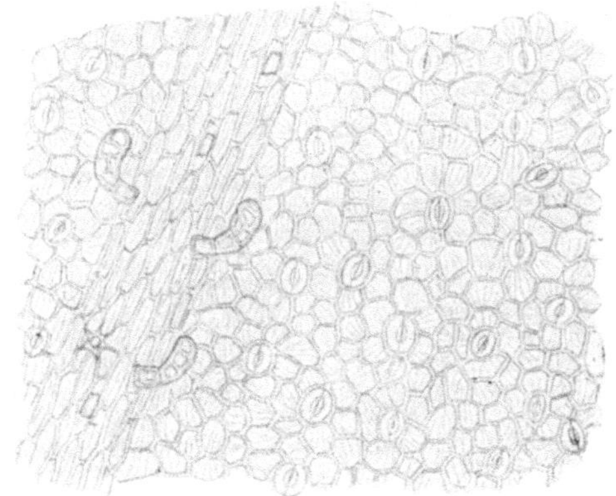

Fig. 92. Tilia parvifolia Ehrh. Blattunterseite. Auf den Nerven kleine Drüsenhaare (1 : 150).

wöhnlich durch eine mehr oder weniger filzige Blattunterseite ausgezeichnet, die von reicharmigen Sternhaaren bedeckt ist.

Eibisch (Althaea officinalis L. — Malvaceae) [1]).

---

[1]) Abbildungen finden sich z. B. im Kommentar zum deutschen Arzneibuch, 5. Ausgabe (Anselmino und Gilg).

Die Blätter sind eiförmig, 3—5-lappig, gekerbt oder gesägt, am Grunde herzförmig bis keilförmig, auf beiden Seiten dicht behaart. Die nur in geringer Anzahl vorhandenen Seitennerven laufen nach den vorspringenden Lappen oder Kerbabschnitten.

Die Epidermiszellen sind wellig gebuchtet. Stomata — gewöhnlich von drei Epidermiszellen umgeben — finden sich auf beiden Seiten. Sie sind aber oft erst nach Entfernung der sternförmigen Büschelhaare erkennbar. Letztere bestehen aus 2 bis 8 einzelligen, dickwandigen, am Fußteil getüpfelten Haaren. Außer Sternhaaren beobachtet man noch kurz gedrungene, durch Horizontalwände etagenförmig geteilte Drüsenhaare, die besonders in der Nähe der Nerven

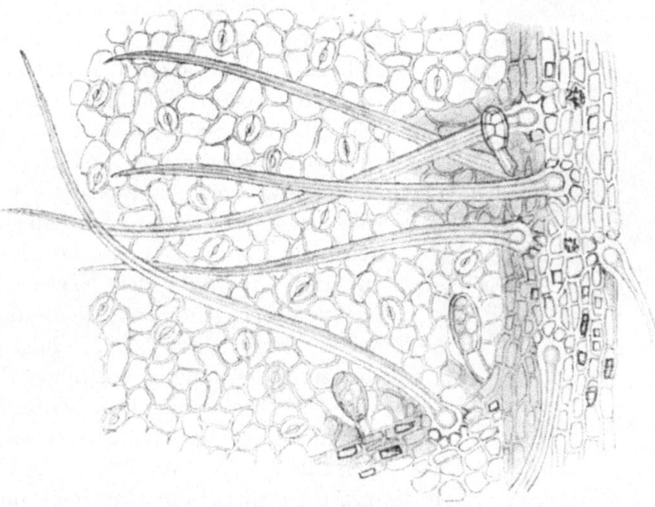

Fig. 93. Tilia platyphylla Scop. Blattunterseite, mit Deck- und Drüsenhaaren; im Nerv Einzellkrystalle, auch einzelne Drusen (1:150).

in kleinen Vertiefungen stehen und etwa eiförmigen Umriß besitzen. In der Epidermis finden sich Schleimzellen, vereinzelt auch im Mesophyll. Die Palisadenzellen sind meist einreihig. Das stark durchlüftete Schwammparenchym wird aus wenigen Reihen gestreckter Zellen gebildet. Das Mesophyll enthält ziemlich große Oxalatdrusen, hauptsächlich in der Nähe der Nerven.

Kornelkirsche (Cornus mas L. — Cornaceae).

Die kurzgestielten Blätter sind eiförmig oder elliptisch, lang zugespitzt, ganzrandig und scheinbar kahl. Die Seitennerven (gewöhnlich 4 Paare) sind bogenläufig, d. h. sie laufen, ohne den Blattrand zu erreichen, bogenförmig nach der Spitze zu. Die Epidermiszellen sind beiderseits wellig

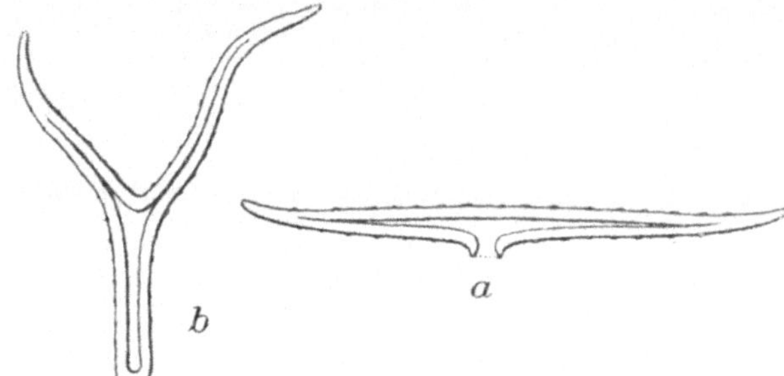

Fig. 93a. Cornus mas L. a gewöhnliches Haar der Blattspreite. b Y-förmiges Haar aus den Nervwinkeln der Blattunterseite (1:100).

buchtig, ihre Wände derb, in der Nähe des Blattrandes sowie unterseits häufig getüpfelt und knotig verdickt. Die Cuticula ist deutlich gestreift, besonders stark in der Umgebung der Deckhaare. Stomata nur unterseits vorhanden, häufig kurz gehörnt. Die Deckhaare sind einzellig, zweiarmig, ganz kurz gestielt und besitzen oft eine warzige Oberfläche. Ihr Lumen ist nur klein. Die beiden Arme sind meist ungleich lang und bilden einen gestreckten

Winkel, der mit den Nebennerven etwa parallel läuft. In den Nervenwinkeln der Unterseite finden sich länger gestielte Y-förmige einzellige Haare (Fig. 93a). Im

Mesophyll finden sich vereinzelt Oxalatdrusen, die oft in kleinen Gruppen vorkommen. Die Nebenrippen enthalten z. T. Kammerfasern mit undeutlich gegliederten Drusen. Palisadenzellen ziemlich kurz, einreihig.

Kartoffel (Solanum tuberosum L. — Solanaceae) (Fig. 94, 95, 96).

Die unterbrochen gefiederten Blätter setzen sich aus eiförmigen, kurz zugespitzten, ganzrandigen Teilblättchen zusammen. Die anfangs reichliche Behaarung geht allmählich zurück, sodaß man an alten Blättern oft nur noch auf der Unterseite der Nerven zahlreiche Haare antrifft. Die von der Mittelrippe fiederförmig abzweigenden Seitennerven sind leicht bogenförmig gekrümmt und bilden in einiger Entfernung vom Rande Schlingen.

Die Epidermiszellen besitzen beiderseits wellige Seiten-

Fig. 94. Kartoffelteil-blatt.

wände. Auf der Unterseite sind sie kleiner und tiefer gebuchtet. In der Nähe des Randes ist ihre Cuticula deutlich gekörnt. Spaltöffnungen treten auf der Unterseite zahlreich, oben in geringerer Menge auf. Sie sind in den meisten Fällen von drei, mitunter auch von vier Epi-

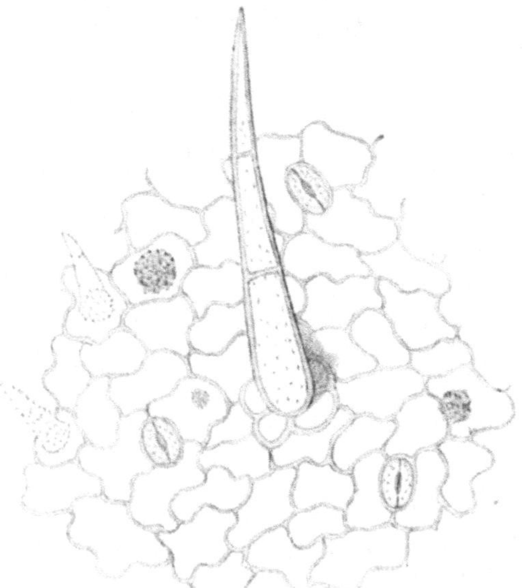

Fig. 95. Solanum tuberosum L. Blattoberseite, mit zwei Haarformen (1:150).

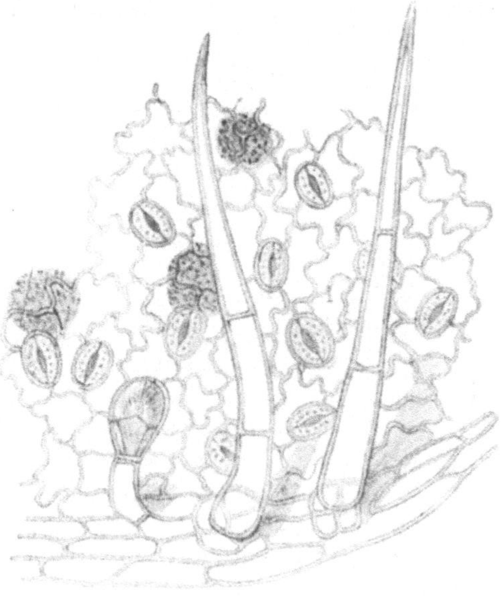

Fig. 96. Solanum tuberosum L. Blattunterseite. Auf dem Nerv ein Drüsenhaar und zwei Deckhaare; im Mesophyll Krystallsandzellen (1:150).

dermiszellen eingeschlossen. Auf beiden Seiten kommen verschieden große Deckhaare vor. Diese sind dünnwandig, vorwiegend aus drei, seltener aus mehr Zellen bestehend, gewöhnlich etwas gebogen und am Ende zugespitzt. Ihre Oberfläche ist etwas rauh. Die ihre Basis umschließenden Epidermiszellen bilden oft eine kleine hügelige Erhebung. Sie sind außerdem etwas größer und besitzen derbere und weniger gebogene Wände. Neben den mehrzelligen, leicht zusammenfallenden Deckhaaren kommen noch kurze, einzellige Trichome und mehrzellige Drüsenhaare vor. Die ersteren finden sich in der Nähe des Blattrandes und sind der Mitte einer Epidermiszelle aufgesetzt. Die Drüsenhaare bestehen aus einer etwas gebogenen Stielzelle und einem zweizellreihigen Köpfchen, das aus 4—6 Zellen gebildet wird. Das Mesophyll enthält zahlreiche Krystallsandzellen, die vorwiegend in der oberen Schicht des aus rundlichen Zellen bestehenden Schwammparenchyms liegen. Die Palisadenzellen sind einreihig.

Tomate (Solanum Lycopersicum L. — Solanaceae) (Fig. 97, 98).

Die Blätter sind unterbrochen fiederschnittig. In anatomischer Hinsicht sind sie denen der Kartoffel sehr ähnlich; insbesondere enthält auch hier das Mesophyll

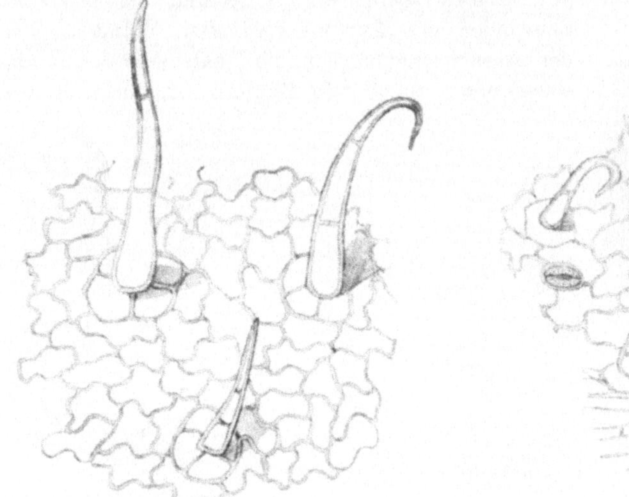

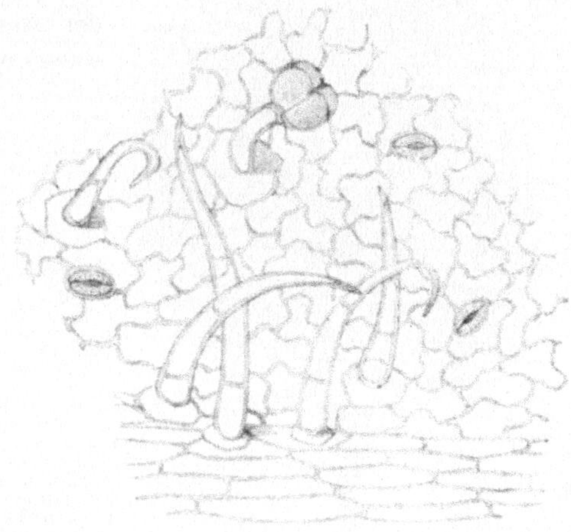

Fig. 97. Solanum lycopersicum L. Blattoberseite, mit mehrzelligen Deckhaaren (1:150).

Fig. 98. Solanum lycopersicum L. Blattunterseite. Links oben ein Drüsenhaar mit vierteiligem Köpfchen; Deckhaare mehrzellig, zum Teil gekrümmt (1:150).

reichlich rundliche Krystallsandzellen. Stomata kommen jedoch nur auf der Unterseite vor. Die meist dreizelligen Deckhaare sind gewöhnlich der Mitte einer emporgewölbten Epidermiszelle aufgesetzt, abgesehen von den ganz großen Haaren, deren Basis aus einem kleinen Zellhügel entspringt. Ein weiteres Unterscheidungsmerkmal von S. tuberosum bilden die auf der Unterseite allerdings recht vereinzelt vorkommenden Drüsenhaare mit vierzelligem, oft etwas flachem Köpfchen und einzelligem, meist leicht gekrümmtem Stiel.

Wegerich (Plantago major L. — Plantaginaceae) (Fig. 99, 100).

Die breiten, eirunden Blätter sind gestielt, fast ganzrandig und der Länge nach von 5 starken Nerven durchzogen, von denen die beiden seitlichen Paare bogenförmig verlaufen. Die Blätter sind beiderseits dünn behaart.

Die nicht selten getüpfelten Epidermiszellen sind ziemlich groß und besitzen oberseits gebogene bis leicht wellig buchtige, unterseits stärker gebuchtete Wände

Von 3 oder 4 Zellen eingeschlossene Stomata finden sich auf beiden Seiten, unterseits aber reichlicher. Beide Epidermen tragen große Deckhaare und kleine Drüsenhaare. Die ersteren sind 4—5-zellig, meist derbwandig, ihre Endzelle ist klein und spitz. Sie sitzen der Mitte einer großen runden, linsenförmig aus der Epidermis emporgewölbten Zelle auf, um die die Oberhautzellen rosettenförmig angeordnet sind. Die Drüsenhaare besitzen einen kurzen, einzelligen Stiel und ein kugeliges, ein- bis zweizelliges Köpfchen. Oxalat fehlt. Das Mesophyll besteht aus gleichförmigen Zellen, ist also nicht deutlich in Palisaden- und Schwammparenchym differenziert.

Beim Spitzwegerich (Plantago lanceolata) sind die Spaltöffnungen von 2, 3 oder 4 Epidermiszellen umgeben und erscheinen im ersteren Fall an ihren Längsseiten

aufgehängt. Die Deckhaare sind ebenfalls einer über die Oberhaut emporgewölbten breiten Zelle aufgesetzt, bestehen aber nur aus einer sehr schlanken Zelle mit stark und oft bis zum Schwinden des Lumens verdickten Wänden. An der Ansatzstelle brechen die Haare sehr leicht ab, sodaß man an älteren Blättern oft nur noch die

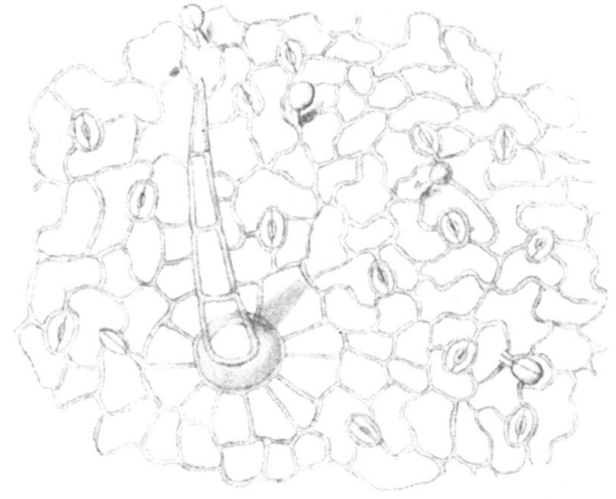

Fig. 99. Wegerichblatt.

Fig. 100. Plantago major L. Blattoberseite. Ein Deckhaar und mehrere Drüsenhaare sichtbar(1:120).

auffälligen Narben findet. Die ziemlich vereinzelten Drüsenhaare besitzen einen einzelligen Stiel und ein vielzelliges, spitz endigendes Köpfchen. Sie erinnern in ihrer Form etwa an die Spitzmorchel.

Waldmeister (Asperula) siehe unter A.

Holunder (Sambucus nigra L. — Caprifoliaceae) (Fig. 101, 102, 103).

Die Blätter bestehen aus 3—7 Fiederblättchen. Letztere sind eiförmig zugespitzt, gesägt und fast kahl. Die fiederförmig abzweigenden, etwas gebogenen Sekundärnerven teilen sich in der Nähe des Randes in verschiedene Seitenäste, die zum Teil Schlingen bilden, zum Teil in die Randzähne endigen.

Die Epidermiszellen sind oberseits weniger, unterseits stärker ziemlich scharfwinkelig gebuchtet, meist getüpfelt, letzteres besonders über den Nerven, wo sie gestreckte Form und gerade Wände besitzen. Ziemlich grobe Cuticularstreifung ist beiderseits erkennbar. Die Unterseite enthält zahlreiche große Spaltöffnungen, deren Schließzellen mitunter kurze Hörnchen tragen. Die spärlich vorhandenen Deckhaare finden sich vorwiegend auf der Unterseite der Nerven. Sie sind einzellig, meist gerade und besitzen derbe Wände, aber weites Lumen und etwas verbreiterte Basis. Außerdem kommen auf den Nerven noch Drüsenhaare vor, die etwa Keulenform zeigen, mit zwei- bis dreizelligem Stiel

Fig. 101. Holunderteilblatt.

Fig. 102. Sambucus nigra L. Blattunterseite, mit Deck- und Drüsenhaaren; im Mesophyll und Nervenparenchym Krystallsandzellen (1:150).

und großem, durch Längs- und Querwände geteiltem Köpfchen. Die Palisadenschicht ist einreihig, ziemlich niedrig. Zahlreiche Zellen des Schwammparenchyms sind dicht mit Krystallsand erfüllt. Diese Krystallsandzellen besitzen unregelmäßige Gestalt und stehen meist zu mehreren beisammen. In den stärkeren Nerven beobachtet man zahlreiche kurze, oft in Reihen angeordnete Krystallsandschläuche.

Topinambur, Erdbirne (Helianthus tuberosus L. — Compositae) (Fig. 104, 105, 106).

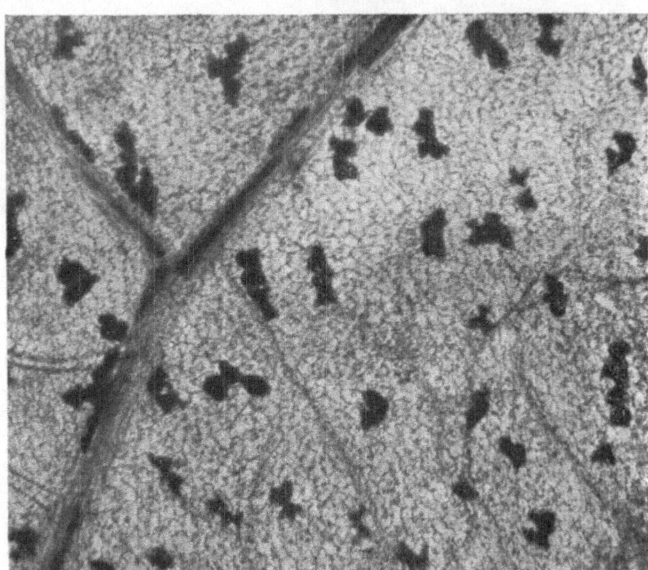

Fig. 103. Sambucus nigra L. Blatt mit unregelmäßigen Krystallsandzellen im Mesophyll und Krystallsandschläuchen in den Nerven (gebleichtes Präparat) (1:60).

5*

Die unteren Blätter sind herzförmig, die oberen länglich eiförmig, oder lanzettlich, grob gesägt. Auf der Oberseite sind sie kurz rauhhaarig, auf der Unterseite dichter, aber etwas weicher behaart. Von der Mittelrippe zweigen nur wenige, stärkere Seitennerven ab, die leicht bogenförmig gekrümmt sind und in der Nähe des Randes

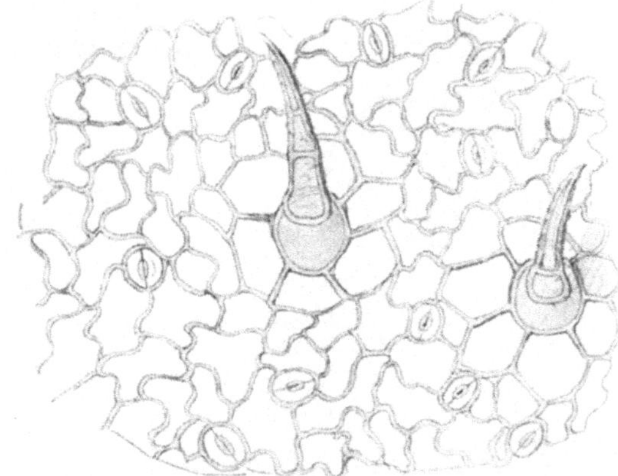

Fig. 105. Helianthus tuberosus L. Blattoberseite. Gliederhaare mit vergrößerter Basalzelle (1:150).

Fig. 104. Topinamburblatt.

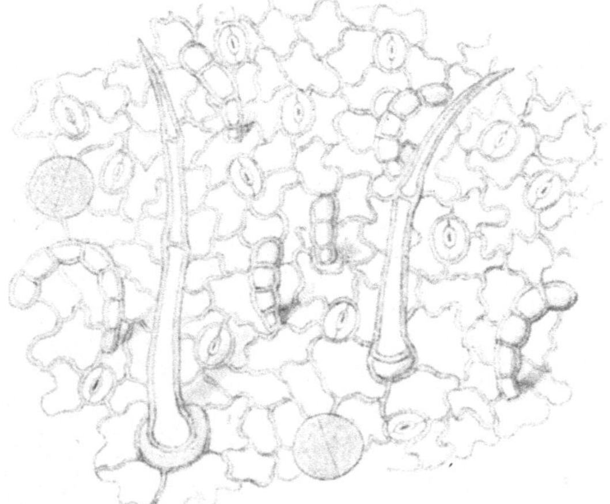

Fig. 106. Helianthus tuberosus L. Blattunterseite mit 2 Formen von Gliederhaaren und scheibenförmigen Drüsen (1:150).

Schlingen bilden. Besonders kräftig entwickelt ist das unterste, unweit der Blattbasis auftretende Seitennervenpaar, das den Charakter von Hauptnerven besitzt.

Die Epidermiswände zeigen beiderseits wellige Seitenwände, unterseits sind sie tiefer gebuchtet. Die Oberseite enthält ziemlich zahlreiche Stomata, aber weniger als die Unterseite. Die auf der Oberseite und am Blattrand reichlich vorkommenden, steifen Deckhaare sind mehrzellig (meist dreizellig) und nach der Blattspitze zu gerichtet. Sie sind durch derbe Wände mit warzig rauher Oberfläche und eine sehr breite Fußzelle ausgezeichnet. Die ihre Basis umgebenden Epidermiszellen sind besonders groß und fallen durch sehr derbe, fast gerade Wände auf. Die Unterseite trägt längere, weniger starre Haare, deren Basalzelle auch geringere Breite besitzt; namentlich die Nerven sind reichlich damit versehen. Außerdem kommen beiderseits — besonders zahlreich aber auf der Unterseite — noch vielzellige, dünnwandige, aus rundlichen, tonnenförmigen oder ovalen Gliedern bestehende Haare vor, die sich mit ihrem vorderen, oft· zerknitterten und bandartig zusammengefallenen Ende bogenförmig nach der Blattfläche zu neigen. Selbst an ganz jungen Blättern sind sie schon bogenförmig gekrümmt; die Endzelle ist dann noch unversehrt und länglich rund. Endlich trägt die Unterseite noch kurze Drüsenhaare mit halbkugeligem Köpfchen und aus kurzen aber breiten Zellen gebildetem Stiel. In der Flächenansicht erscheinen die Gebilde scheibenförmig. Die Palisadenzellen sind meist einreihig. Oxalat fehlt.

Sonnenblume (Helianthus annuus L. — Compositae) (Fig. 107).

Sämtliche Blätter sind herzförmig und beiderseits rauhhaarig, im übrigen wie bei der vorigen Art.

Die Epidermiszellen sind oberseits weniger, unterseits stärker gebuchtet. Stomata sind auf beiden Seiten häufig. Die Oberseite trägt wie bei H. tuberosus starre, mehrzellige nach der Blattspitze zu gerichtete, sehr derbwandige Haare mit

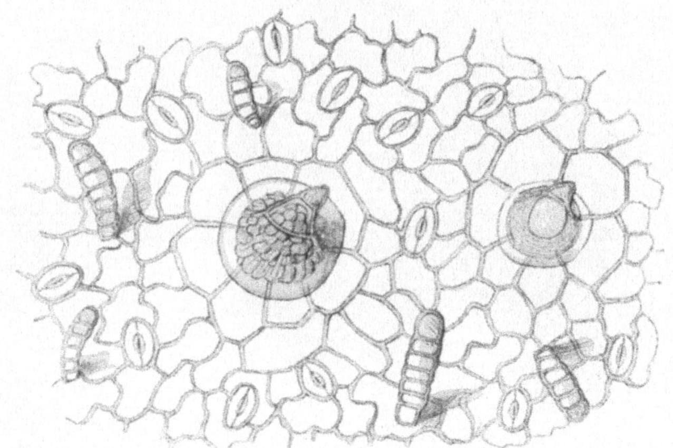

Fig. 107. **Helianthus annuus L.** Blattoberseite, mit Cystolithenhaaren und raupenförmigen Gliederhaaren (1:150).

warziger Oberfläche. Ihre breite Basalzelle besitzt auf der Innenwand eine mehr oder weniger dicke schleimartige Auflagerung, die in der Seitenansicht deutlich geschichtet erscheint und in der Aufsicht das Lumen ringförmig verengt. Diese Fußzelle, oder die darüber befindliche Zelle enthält bei einem Teil der Haare einen deutlich krystallinischen und doppelbrechend wirkenden Cystolithen. Hin und wieder führen auch einzelne der die Basis umgebenden Epidermiszellen, die auch hier durch ihre Größe und die derben, fast geraden Wände auffallen, cystolithische Gebilde. Die auf der Unterseite befindlichen, ebenso gebauten, starren Haare enthalten gewöhnlich keine Cystolithen. Beiderseits kommen außerdem noch dünnwandige, vielzellige (6—8- seltener 10-zellige) Trichome vor. Sie sind wie bei H. tuberosus meist gebogen, aber aus kurzen, breiten Gliedern zusammengesetzt, sodaß sie fast raupenartige Gestalt besitzen. Ihre Endzelle ist rund, nicht deutlich abgesetzt. Die einzelnen Glieder enthalten Chlorophyll, mit Ausnahme der Endzelle. Auf der Unterseite finden sich schließlich noch vereinzelt Drüsenhaare, die im Bau denen von H. tuberosus entsprechen, aber kleiner sind. Die Palisadenschicht ist meist zweireihig. Oxalat fehlt.

Huflattich (Tussilago farfara L. — Compositae) (Fig. 108)[1].

[1] Weitere Abbildungen finden sich z. B. im Kommentar zum deutschen Arzneibuch, 5. Ausgabe (Anselmino und Gilg).

Die langgestielten, rundlich herzförmigen Blätter sind eckig gezähnt, oberseits kahl, unterseits dicht mit grauweißem Haarfilz bedeckt. Die dem Blattrand aufsitzenden, ziemlich entfernt stehenden Zähnchen besitzen knorpelige Beschaffenheit. An der herzförmigen Blattbasis entspringen aus der Mittelrippe beiderseits zwei und etwas höher noch je eine starke Nebenrippe, die nach den vorstehenden Ecken des Blattes führen.

Die Epidermiszellen besitzen oberseits gestreifte Cuticula und gebogene, bis wellig buchtige Wände, unterseits sind sie stärker wellig gebogen. Stomata kommen beiderseits vor, oben in geringerer Menge. Die Oberseite trägt nur vereinzelte Haare, während die Unterseite von dichtem Filz bedeckt ist. Dieser besteht aus dünnwandigen,

Fig. 108. Huflattichblatt.

Fig. 109. Zichorienstengelblatt.

mehrzelligen Haaren mit sehr langer peitschenförmiger Endzelle. Sehr charakteristisch ist das Mesophyll gebaut. Unter der oberen Epidermis liegen zunächst drei Reihen kurzer palisadenartiger Zellen, von denen die mittleren stärker gestreckt sind. Hierauf folgen ein bis zwei Reihen quergestreckter Zellen. Der unterste Teil des Mesophylls ist von mächtigen Luftkammern durchsetzt. Oxalat fehlt.

Zichorie (Cichorium intybus L. — Compositae) (Fig. 109, 110, 111).

Die Blätter der kultivierten Formen — nur diese kommen als Tabakersatz in Betracht — besitzen länglich elliptischen Umriß. Die Wurzelblätter sind allmählich in den Stiel verschmälert, die Stengelblätter sitzend, mit stengelumfassender herzförmiger Basis. Der Blattrand ist mit kleinen, entfernt stehenden Zähnchen besetzt, die durch flache Buchten voneinander getrennt sind, oder schrotsägeförmig gezähnt. Die Behaarung ist im allgemeinen nicht sehr reichlich, am stärksten auf der Unterseite der Mittelrippe; im übrigen schwankt sie bei den verschiedenen Kulturformen sehr erheblich. Die Seitennerven laufen nach dem Abzweigen zunächst noch ein Stückchen neben der Mittelrippe her und wenden sich dann in wenig spitzem, oft fast rechtem Winkel nach außen. Sie sind flach bogenförmig gekrümmt und bilden in einiger Entfernung vom Rande Schlingen.

Die Epidermiszellen sind beiderseits wellig buchtig, nur über den größeren Nerven gestreckt und geradwandig. Spaltöffnungen finden sich auf beiden Seiten reichlich. Oxalat ist nicht vorhanden. Die auf beiden Epidermen, ferner am Blattrand und

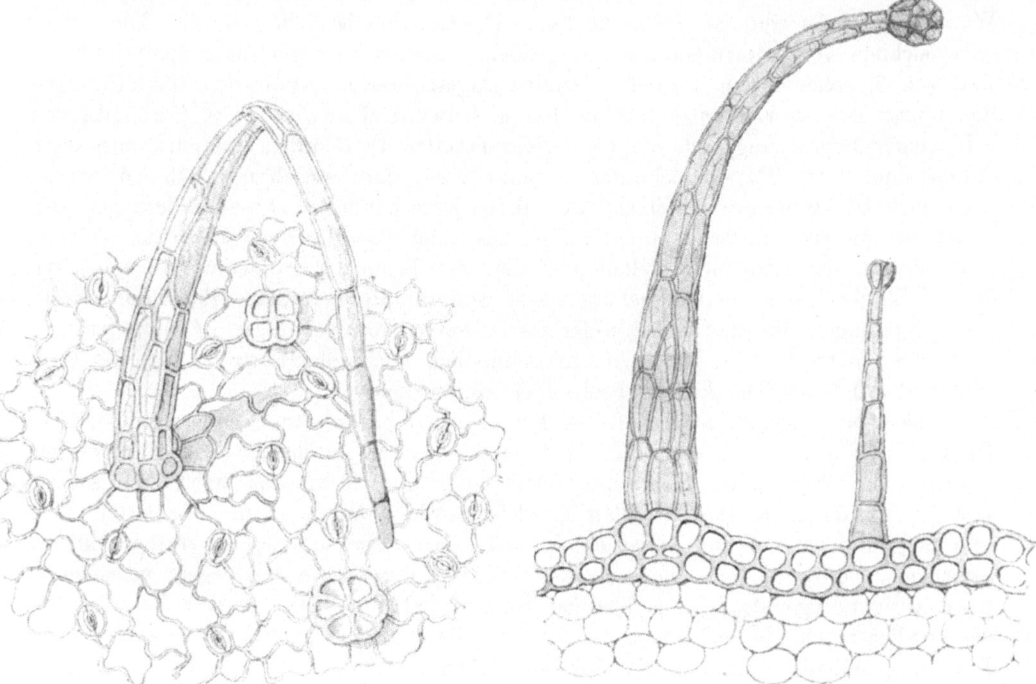

<table>
<tr><td>Fig. 110. Cichorium intybus L. Blatt-
unterseite mit Deckhaar und Haarnarben
(1:150).</td><td>Fig. 111. Cichorium intybus L. Querschnitt
durch den äußeren Teil der Mittelrippe des Blat-
tes, die Form der Drüsenhaare zeigend (1:60).</td></tr>
</table>

namentlich auf der Unterseite der Mittelrippe vorkommenden, zum Teil sehr großen Haare schließen entweder mit einer stumpfen Spitze, oder mit einem mehrzelligen Köpfchen ab; im Aufbau stimmen sie sonst überein. Mit Ausnahme der kleinsten sind sie im unteren, fast prismatisch erscheinenden Teil mehrzellreihig und gehen nach oben allmählich in eine Zellreihe über. Ihre Oberfläche ist körnig oder warzig rauh. Da die Zellwände dünn sind — nur der basale Teil ist stärker — fallen die Haare sehr leicht zusammen. Sehr charakteristisch sind die Verdickungen der die Trichome tragenden Epidermiszellen in der Flächenansicht (Haarnarben). Sie erscheinen — wenigstens bei den kleineren Haaren — als ein dickwandiges, gerundetes, in vier etwa gleiche Teile geteiltes Viereck. Bei großen Haaren sieht man ein analoges, sechs- und mehrteiliges, durch die Dicke der Wände sofort auffallendes Polygon. Die die Haare umgebenden Epidermiszellen sind außerdem etwas emporgewölbt und zeichnen sich durch derbere, nur wenig gebogene Wände aus. Die Palisadenzellen sind ein- bis zweireihig, kurz und wenig deutlich, oft kaum von den übrigen rundlichen Zellen des Mesophylls wesentlich verschieden. In den Nerven beobachtet man Milchsaftschläuche, die an ihrem körnigen Inhalt erkennbar sind, der sich auch in gebleichten Präparaten mit Jod noch gelblich färbt.

Vanillewurzelkraut, Vanilleroot (Liatris odoratissima — Compositae).

Die Blätter dieser amerikanischen Komposite sind stark kumarinhaltig und werden als Tabakaromatisierungsmittel benutzt. Sie sind derb, schmal spatelförmig, kahl. Die Epidermiszellen besitzen oberseits sehr derbe, gerade oder wenig gebogene Wände, unterseits sind sie wellig buchtig. Die Cuticula ist fein gestreift. Die beiderseits reichlich vorkommenden ziemlich großen, zuweilen kurz gehörnten Spaltöffnungen sind von 3, seltener von 4 Epidermiszellen eingeschlossen. Außer den Spaltöffnungen findet man auf der Epidermis ziemlich häufig haarnarbenähnliche Gebilde von polygonaler Begrenzung, um die die Epidermiszellen gewöhnlich rosettenförmig angeordnet sind. An Blattquerschnitten erkennt man, daß es sich um röhrenartige, noch oben trichterförmig erweiterte Vertiefungen handelt. Diese Vertiefungen enthalten bei jungen Blättern keulenförmige, aus einer kurzgliedrigen Zellreihe gebildete Drüsenhaare, die sich nicht selten über die Oberfläche der Epidermis erheben. An älteren Blättern sind die Haargebilde meist geschrumpft, und man erkennt als Inhalt der Vertiefungen oft nur eine dunkler erscheinende, körnige Masse. Oxalat fehlt.

Als einzige monocotyle Art sei schließlich noch das Seegras erwähnt, da es verschiedentlich als Tabakersatz beobachtet worden sein soll.

Seegras (Zostera marina L. — Potamiaceae) besitzt lange, grasartig-linealische Blätter, die von mehreren parallelen Längsnerven (gewöhnlich 3—5) durchzogen werden. Zwischen diesen beobachtet man unter dem Mikroskop noch eine Anzahl von Faserbündeln, die das Blatt in gleicher Weise durchziehen. Die Fasern sind sehr lang und schmal und lassen ein Lumen kaum erkennen. Die mit starker Cuticula versehenen derbwandigen Oberhautzellen sind in der Größe nur wenig verschieden. 5—6-seitig polygonal. Die Epidermis erscheint daher bei mittelstarker Vergrößerung als ziemlich regelmäßiges Netz, unter dem die Faserstränge als dunklere — nach der Bleichung hellere — Bänder sichtbar sind. Oxalat fehlt.

Verzeichnis der beschriebenen Arten.

Chemie der menschlichen Nahrungs- und Genußmittel. Von
Dr. J. König, Geh. Reg.-Rat, o. Professor an der Universität und Vorsteher der agrikultur-chem. Versuchsstation Münster i. W. Vierte, verbesserte Auflage. In drei Bänden.

I. Band: Chemische Zusammensetzung der menschlichen Nahrungs- und Genußmittel. Nach vorhandenen Analysen mit Angabe der Quellen zusammengestellt. Bearbeitet von Dr. A. Bömer. Mit in den Text gedruckten Abbildungen. 1903. Gebunden Preis M. 36,—.

Nachtrag zu Band I: A. Zusammensetzung der tierischen Nahrungs- und Genußmittel. Bearbeitet von Dr. J. Großfeld, Untersuchungsamt in Recklinghausen, Dr. A. Splittgerber, Untersuchungsamt in Mannheim, Dr. W. Sutthoff, Landwirtsch. Versuchsstation in Münster i. W. 1919. Gebunden Preis M. 40,—.

II. Band: Die menschlichen Nahrungs- und Genußmittel, ihre Herstellung, Zusammensetzung und Beschaffenheit, nebst einem Abriß über die Ernährungslehre. Von Professor Dr. J. König. Mit in den Text gedruckten Abbildungen. Fünfte, neubearbeitete Auflage. Unter der Presse.

III. Band: Untersuchung von Nahrungs-, Genußmitteln und Gebrauchsgegenständen. In Gemeinschaft hervorragender Fachmänner bearbeitet von Professor Dr. J. König.

Erster Teil: Allgemeine Untersuchungsverfahren. Mit 405 Textabbildungen. Zweiter, unveränderter Neudruck. Unter der Presse.

Zweiter Teil: Die tierischen und pflanzlichen Nahrungsmittel. Mit 200 Abbildungen im Text und auf 14 lithogr. Tafeln. 1914. Gebunden Preis M. 36,—.

Dritter Teil: Die Genußmittel, Wasser, Luft, Gebrauchsgegenstände, Geheimmittel und ähnliche Mittel. Mit 314 Abbildungen im Text und 6 lithogr. Tafeln. 1918. Gebunden Preis M. 62,—.

Chemie und Struktur der Pflanzen-Zellmembran. Von Dr. J. König
und Dr. E. Rump. Mit 9 Tafeln und mehreren Textabbildungen. 1914. Preis M. 2,80.

Nährwerttafel. Gehalt der Nahrungsmittel an ausnutzbaren Nährstoffen, ihr Kalorienwert und Nährgeldwert, sowie der Nährstoffbedarf des Menschen graphisch dargestellt. Von Geh. Reg.-Rat Prof. J. König. Elfte, neu umgearbeitete Auflage. 1913. Dritter Abdruck. 1917. Preis M. 2,40.

Das v. Pirquet'sche System der Ernährung für Ärzte und gebildete
Laien dargestellt. Von Prof. Dr. B. Schick, Wien. Zweite, erweiterte Auflage. Mit 5 Textabbildungen. 1919. Preis M. 4,—.

Die Grundlagen unserer Ernährung und unseres Stoffwechsels. Von Emil Abderhalden, o. ö. Professor der Physiologie an der Universität
Halle a. S. Mit 11 Textabbildungen. Dritte, erweiterte und umgearbeitete Auflage. 1919. Preis M. 5,60.

Hierzu Teuerungszuschläge.